尽善尽美　　弗求弗迪

愿你灵魂柔顺却永不妥协

现在的艰难，都是人生的积蓄

你心地柔软，但不必妥协

麦小禾禾 著

电子工业出版社·

Publishing House of Electronics Industry

北京·BEIJING

图书在版编目（CIP）数据

愿你灵魂柔顺，却永不妥协 / 麦小禾禾著 .—北京：电子工业出版社，2017.6
ISBN 978-7-121-31360-8

Ⅰ.①愿… Ⅱ.①麦… Ⅲ.①人生哲学—通俗读物　Ⅳ.①B821-49
中国版本图书馆CIP数据核字（2017）第077638号

责任编辑：张　毅
文字编辑：娄晶晶
印　　刷：北京盛通印刷股份有限公司
装　　订：北京盛通印刷股份有限公司
出版发行：电子工业出版社
　　　　　北京市海淀区万寿路173信箱　邮编：100036
开　　本：880×1230　1/32　印张：8.125　字数：185千字
版　　次：2017年6月第1版
印　　次：2017年12月第6次印刷
定　　价：38.00元

凡所购买电子工业出版社图书有缺损问题，请向购买书店调换。若书店售缺，请与本社发行部联系，联系及邮购电话：（010）88254888，88258888。

质量投诉请发邮件至zlts@phei.com.cn，盗版侵权举报请发邮件至dbqq@phei.com.cn。

本书咨询联系方式：（010）57565890，meidipub@phei.com.cn。

我有时候会想，如果不是那段最艰难的日子，我现在应该也不会坚定地知道我的未来在哪里。当回想起来的时候，你会发现，原来的艰难其实是在积蓄力量。

岁月漫长，愿你灵魂柔顺，却永不妥协！

你想得到的，只要你配得上，上天终究会给你，而你需要做的，就是让自己配得上世间最好的一切。

在追求幸福的路上，如果不小心出了岔子，30岁重新开始，其实也不晚。

○●

序 言
愿你灵魂柔顺，却永不妥协

2015 年的 4 月份，开始写这本书的时候，该是我人生中最穷困最迷茫的时候吧。

身体出现了些问题，加之觉得之前的工作不是自己希望的人生，便辞了工作写小说。

然而半年的时间，生活没有一点起色，仅有的经济来源是每个月写网络小说的一点稿费。

我记得最清楚的一次是，距离发稿费还有差不多 10 天的时间，而我身上的现金只有 3 块钱，尽量去超市刷信用卡买菜。

我馋了很久的葡萄一直舍不得买，有天终于忍不住了。

我跑到楼下的水果摊，问了一遍葡萄多少钱一斤，小贩告诉我后，我攥着手里的 3 块钱，离开了。

走回小区的时候，我不甘心地跑回去又问了一遍："3 块钱能买一串葡萄吗？"

小贩笑着说不能。我说："我能买 3 块钱的吗？几粒都行。"

小贩很为难，说这没法卖。

我手里攥着 3 块钱，走回到小区里。

结果我又回去了，我问小贩："那我能刷信用卡吗？"

小贩说："我们这儿不能刷卡。"

我转身的时候，都要哭了。

最后，是小贩把我叫回去，从他背后的箱子里拿了两串葡萄送给我，他说："这是昨天剩的葡萄，梗有点黑了，不好卖，但是吃没事，你拿去吧。"

我抓着葡萄的时候，说了半天谢谢，扔给他我仅有的 3 块钱就跑了，一边跑一边哭。

那个时候，我白天写稿，晚上整宿整宿失眠，睡不着，压力大。

不知道自己选择的这条路应不应该坚持下去，不坚持下去的话，另外一条路在哪里。

而且陷入极度的自我怀疑中。

越是这样，越会失眠，导致越会怀疑自己的选择是错的。

睡不着的时候，就看书、看电影，等天亮。

即使这样，我还是倔强撑着，每次跟家里人都是报喜不报忧。

自己深夜经常哭，我觉得总有一天自己会疯掉。

所有的坏运气，一直持续到了 11 月份的时候。

写网文的稿费有两种模式：一种是买断，千字多少钱，之后销售与自己无关；一种是分成，卖多少钱，网站拿一半，自己拿一半。

我之前害怕，从来不敢写分成，担心卖得不好，连生活费都没了。

11月份的时候，生活已经把我逼到谷底，我决定为自己搏一次，接受稿费分成。

写稿量变成了之前的一倍，我需要看大量的书，倒是累得不失眠了，却几乎没有时间睡觉。

仅一个月的时间，我的书从免费到上架，到12月份的时候。它已成为当时平台最热销的一本书。我的稿费也从每个月的四位数变成了五位数。

前几天，我和一个朋友谈起这段经历，他说："《岛上书店》里有一句话——每个人的生命中，都有最艰难的那一年，将人生变得美好而辽阔。"

他认识我的时候，正是我最艰难的时候。之后，他看着我一点点挣扎着成长起来。

我说："真的是这样，就像是冲破了层层黑暗后发现了高空的明媚阳光。"

他了然地笑了。

我现在都能记得我刚拿到那一笔钱时的轻松感，我在自动取款机上取了25 000元，然后去商店把喜欢的衣服都买了。

也只有那一刻，我觉得压在心口的大石头忽然没了。

每个人的一生中，都会有最艰难的一年。

那一年，你遇到了很多难题，惊慌失措之后，你发现只有自救这一条路可走。

那一年，你就像溪水一样，忍受了很多孤独与寂寞，积攒力量，终于冲出峡谷，眼前就是大江大河的那种辽阔感。

你会发现，原来你不是孤独寂寞的行路人，身边有无数的同路者。

我有时候会想，如果不是那段最艰难的日子，我现在应该也不会坚定地知道我的未来在哪里。

回想起来的时候，你会发现，原来的艰难其实是在积蓄。

岁月漫长，愿你灵魂柔顺，却永不妥协！

愿你灵魂柔顺，
却永不妥协

Contents 目录

第一章

你可以不必假装坚强

愿你灵魂柔顺，
却永不妥协

第二章

其实你很好，你自己却不知道

愿你灵魂柔顺，
却永不妥协

第三章

人生所有的开始都恰逢其时

愿你灵魂柔顺，
却永不妥协

第四章

不能天生丽质，就要天生励志

愿你灵魂柔顺，
却永不妥协

第五章

你有多少不好意思，别人就有多少好意思

愿你灵魂柔顺，
却永不妥协

第六章

主动选择自己想要的生活

/ 你可以不必
假装坚强 /

如果有一天，你觉得生活真的好难，想否定自己的时候，不要怀疑自己的选择，因为艰难是每个人生活的常态。我们大多数时间都会觉得艰难，但是熬过去就好了，相信在你不断向前的路上，会有一处处鲜花在一段段艰难过后等着你。

谁的青春不曾卑微
▷▷▶

曾经有个姑娘给我发豆邮，写了很长的一段话，差不多5000字。大概意思是说她小的时候没有朋友，因为某些环境的原因造成了她性格极度自卑。她很少和别人说话，也很少和别人聊天。后来，她遇见了一个男朋友，但这个男人却是个骗子。

我看完了她长长的豆邮之后，发现这个姑娘真的很自卑。在我俩聊天的过程中，我无数次被她嘴里所说的那个男朋友气疯，义愤填膺地为她抱不平，可是那个姑娘却把这些过错都归结于自己的性格不好。

后来她和我说，她以后大概不会再谈恋爱了吧。

我说了很多的话，告诉她她会慢慢走出来，遇见一个很好的人。但是，后来我发现其实我说的这些都流于表面，最深的原因还是她的自我否定。她觉得自己是一个很糟糕的人，所以在遇见很多事情时她都告诉自己说，我应该就这样了吧，应该不能得到最美好的东西吧。所以她总是委曲求全。

某天深夜，闺蜜给我打电话说自己刚刚大哭一场。

她一个人在南方，生病了要自己去医院，之后谈了一个男朋友却觉得他根本就不爱自己。本以为去了自己想去的地方，就能够过上期许的生活，却发现一样是生活中充满了琐事，一样要为房租发愁，一样是每个月的工资交完房租水电费后所剩无几，她根本不知道自己的明天在哪里。

因为远离家乡，回家遥遥无期，父母更是无法照料。工作之后，交心的朋友也是少之又少。

她忽然觉得自己很失败，混成这样，什么都没有。

深夜痛哭，其实我也有过几次。大学时候因为想提前步入社会，我便去一直兼职的网站上班。

一个大二的姑娘跑到了北京租房，一个人生活。白天的时候在公司里很少与人交流，晚上回到住的地方一个人静静地待着，不说话。那时的我都怀疑自己是不是得了失语症。

后来，北京下大雨，一些人因此而丧生。在这之后又连续下了几天雨，我坐着公交车去上班，突然害怕起来，心想，如果我不幸死在北京，也许没有人会发现我。也许到了第二天，公司同事去上班才会发现我没来上班，慢慢地才会有人想起来打个电话问问我。

情绪慢慢积压着，一个人就这样孤独地过了很长时间。后来的我，只要晚上无聊的时候便会看电影和看书，两个月的时间，看了很多书。

开学的时候回学校上课，整理这个假期的收获，我惊奇地发现要比以前假期收获多很多。

所以当这次闺蜜问我为什么自己要这样的时候，我和她说其实只是因为我们要慢慢变成一个独立的人。有独立的精神，能够独立面对困难，从糟糕的状态中反思自己应该如何做，然后慢慢地成为自己心目中理想的自己。

这些我们所遇见的糟糕事，就是来帮助我们成为更好的自己。

每个人都有糟糕的时候，每个人都是在这个时候一点一点挺过来，一步一步走过来的。

每个人的曾经都很糟糕，所以你并不是孤独的一个人。

我们也深知，经历过糟糕便会慢慢地好起来。

所有糟糕的状态都是我们在探索新的生活时出现的必然现象。不要因为你眼下的糟糕而对生活失去信心，也不要因为受过一次伤而不再去爱，因为所有的糟糕都是激励我们成长的方式。

我身边有个朋友因为长期在外吃饭得了肠胃炎，此后，自己开始尝试着做饭而练就了一手好厨艺。

有些人就是在最糟糕的状态里找到了自己的人生新的方向。

我回想起自己所有经历过的境遇，每一次的收获都伴随了很长一段时间痛苦的煎熬。

所有糟糕境遇出现的时候，其实就是生活以某种方式警示你的时候。它的出现是因为你某个阶段的状态而造成的，也许你因为怯懦造成遇人不淑，将自己陷入一潭泥淖之中而觉得自己糟糕透了。

那么这个阶段正好可以为你做出警示，让你清楚地分析错误，调整自己前进的步伐与方向，舍弃累赘，靠近自己最真实的需求。

也许，这段时间你感到孤独和茫然，这样的状态可能是提示你已经很久没有和朋友联络，很久没有坚持去完成一件事给自己带来成就感。那么，这个阶段正好可以让你来反思自己，哪些是自己真正的朋友，哪些是不必要交往的朋友，哪些事情是自己应该完成而没有完成的，哪些事情是自己需要突破的……

茫然的时候，应该好好想一想，是不是自己曾经订立的目标已经渐行渐远，所以才造成了如今这样糟糕的状态？

每一种境遇都是一个阶段表现的反馈，而我们在接受这个反馈时，需要从反馈中调整自己，这样才能慢慢地步入正轨。

处在糟糕状态的时候，不要怕，尝试给自己的情绪找一个宣泄的途径，慢慢地问问自己的内心，想要什么，接下来打算走向哪里。

自己将自己从糟糕的状态里拯救出来，慢慢地你会发现，正是一次次的自我拯救，才完成了自己对生活的理解与释然。

　　只有这样，当你回首过去，每一次深夜的痛哭都会变得有意义。

这一刻感到困难，是大多数人的常态

◀◁◁

某天晚上，和男朋友走在路上，看着夜市上的人群来来往往，吃点这个，吃点那个。最火的摊位是 15 元一位的自助小火锅，大家吃得很开心。我当时就想，为什么会有人喜欢吃这些味道不好，还不干净的小火锅呢？

后来想想，我曾经在某段时间也很喜欢吃夜市，觉得那里好吃又实惠，只是没有吃过小火锅而已。

由此想来，我的经济能力提升了不少，已经很久不吃夜市小摊了，都快忘记当时的感觉了。

无论经济能力怎么提升，或者现阶段的境况如何改善，大多数时候还会觉得生活艰难，就像当年能去吃个夜市就很满足了。每个月自己包里的钱都要数着花，想着什么时候工资能多涨点，而涨了之后仍旧会觉得生活艰难。

就像之前想着一个月的工资能买台新品 iPhone 就好了；可当一

个月的工资可以买得起 iPhone 时，又想着要是一个月的工资能够买台 MacBook Air 就好了；买得起 Air 了，又想换高配的 Pro。在专业技能方面也是如此，今天想着如果我能够处理某件事而完全不费力就好了，后来可以这样做时又不满足了。

好像在这一刻，会觉得艰难，想着也许自己爬上更高的一层，就不会觉得艰难了吧。人生真的像爬楼一样，爬上了这一层台阶，还有新的台阶要上，每一层台阶都有着每一层台阶的艰难。

刚开始写小说的时候，脑子里是有东西，可写出来就完全变味儿了，甚至连基本的叙述都成问题，更不要提什么外貌和变着花样地描写着不同情境下的男女主人公的状态。当时就想，如果能够流畅地讲完故事，不被卡住就好了。

那时觉得写书真的很艰难，我在查阅各种资料的同时，碰到别人优秀的情景描写就记下来，揣摩着每种状态下的心情。

一段时间后稍稍能够写个开头，把自己想要的感觉描写出 60%。渐渐有些代入感后，编辑指出文的节奏有问题。所谓的文的节奏有问题其实是一个大事，因为是连载网络小说，你在每章的什么位置牵引你的读者翻页，你如何控制小说里故事的节奏，使读者被你的故事影响而去为你的小说付费。

节奏感这事不像词汇描写，词汇量差可以积累，某些描写可以学，但是节奏这事需要揣摩。

有段时间我看了很多同类型的网文，研究他们是怎么控制节奏的。尝试站在读者的角度去想，发生某个情节的时候，心里感受是怎样的。占用了多少时间。

那时候的我觉得写作很费力，尽管每天我都能够感觉到自己微小的进步，我知道今天的我比昨天的我更加充实，但是我仍旧能感觉到艰难。

直到我攻克了自身的难题，就在被认可的那一刻我喘了口气。之后，我仍旧觉得艰难。

我以写小说为职业，其实和上班没有什么大区别，都是在做长期战。在这个长期战里，只在忽然靠近自己设定的目标时会感到轻松，而后又会出现新的问题。

我时常问自己，是不是我每天感到艰难是因为我正在走上坡路？我也时常劝告自己，正因为我每一天都在攻克昨天的不可能，所以我感到艰难。

仔细想来，确实是这样。

一个人什么时候才不觉得艰难呢？应该是在某处停滞不前或者退步的时候才能感觉不到艰难吧。

就像每天大吃大喝长了20斤不觉得艰难，而让这20斤肥肉从身上掉下去，就需要长期控制饮食和每日坚持锻炼。

这样坚持的过程，虽然会因为每天持续的减重感到欣喜，但是大多数时候，之前的衣服穿不下，或者穿上觉得没有从前好看，你仍旧会慨叹，减肥好难啊。

有个朋友和我说，从前的她，想着自己一个人吃饭、一个人逛街，有的时候感觉自己很孤独，觉得生活很艰难，也许自己谈恋爱会好些。后来谈了恋爱，开始时两个人确实很好，但随着相处时间越来越长，各自的缺点开始显露出来。两个人之间不断地争吵与磨合，既分不掉又不知如何解决，只能在不断地争吵中磨合，这感觉真是煎熬啊。

即使觉得艰难，却仍旧清楚地知道现在的自己比之前要进步很多，至少懂了爱的意义，也更知道两个人在一起的不易。

其实，我们每个人在大多数情况下都会感到困难。除了吃大餐、逛街买衣服、出去旅行、各种聚会趴、升职加薪等美好瞬间不会觉得困难之外，大多数时都会感觉自己与自己磨合、自己与外界磨合，在不断自我突破的时候，都会觉得困难。

也正是因为这些困难的出现，才会推动着那些美好瞬间的到来。

如果有一天，你觉得生活真的好难啊，想否定自己的时候，不要怀疑自己的选择，因为艰难是每个人生活的常态。我们大多数时间都会觉得艰难，但是，艰难真的熬一段时间就好了。相信在你不断前进的路上，会有一处处鲜花在一段段艰难过后等着你。

这一刻的困难，是每个人生活的常态。

也因为这一刻的困难，咬着牙走过去了，才能看到下一刻的风景。

也许你赶了很久的路，觉得累了，那么休息一会儿再上路。这个世界上有很多人跟你一样，不管多累，也要坚持着一点点往前挪。

生活不会亏待持续努力的人
▷▷▶

有不少人问过我，在准备一个考试或者要做一件事情的时候，总觉得动力不足，应该怎么办？

我记得曾经流传过这样一个观点：如果你知道自己要驶向何方，连风都会给你让步。

还有一种观点：你之所以不去努力做这件事，说明这件事根本不重要。如果足够重要，你将不需要任何鞭策。

如果意志力足够强大的话，确实会为了一个目的誓不罢休。

可是倘若一个人在黑暗中走得久了，自己也不知道还需要多久才能走出去，也不知道即使这样一步不停地走能不能走入光明，坚持这样做到底会怎样呢？

其实，走在路上的时候，谁也不知道会在哪一步时迎来阳光。只要你努力坚持，迟早会迎来阳光。

一个朋友的表哥，被大家立为典型，如果你的状态不佳时，可以想想他。

大学的时候，他学的是计算机专业，却偏偏想要跨专业考研究生。第一年考研没有考上，第二年一边当助教一边再考，仍旧没有考上。他原来的学校想留他，他却跑到了北京继续考。

他属于考试运特别差的人，平时成绩特别好，可是一到关键时刻准掉链子。

到了北京之后，第一年他考上了捷克大使馆，因为待遇不太好，他选择放弃工作继续考试。第二年考入瑞士大使馆，现在薪酬让人羡慕。

一个人坚持了五六年才走到自己想要的位置，这中间经历过多少失败和煎熬，外人不会知道。

朋友跟我讲，每当她想起表哥这么多年来经受的打击，不屈不挠地坚持着努力向前时，她就觉得自己已经很幸运了，不应该轻易放弃，一定要坚持下去。

她说："也许命运会亏待一个努力的人，但它一定不会亏待一个持续努力的人。"

X 是一名插画师，我认识他的时候他还在上学，专业还不错，文化分不太好，上了一个不入流的学校。大学期间，一边画画一边和一群爱好写东西的人做电子杂志。X 负责将所有人组织起来，每个月初确定相应的选题，而他自己负责文字中的插画，有时候也会帮忙写一两篇动漫分析。

由于电子杂志管理不善，整个编辑团队工作状态越来越涣散，收稿子也越来越少，慢慢地由一个月一期变成两个月一期，再后来就停了。

多年来 X 从来没有停止过画插画，记得那时候我俩年纪都不大，经常聊梦想。他说以后想做插画师，可以出自己的插画集，而我当时断断续续地写过一些不成熟的小说片段，我们俩还一起开玩笑说等以后可以合作出一本书，我写故事，他画插画。

后来，他开始找我要许多杂志的联系方式，自己也通过各种途径找编辑的联系方式，给杂志投自己的漫画。因为每个杂志的编辑都有固定合作的插画师，新人插画师能够选上的概率并不大，一个月的时间他画很多幅画只能有一两幅被选上。

日子缓慢地过着，直到有一天他在 QQ 上问我在做什么，我说在一家传媒公司做编辑。他说，他也要找一份工作了，一边教别人画画维持生活，一边画插画。

我们聊过之后，他真的找了一份美术老师的工作，一边教课一边画画，大家各自忙着各自的事。一直到某天，我在微博上看到他说自己要出画册了，我顺着他的消息往下翻，发现他现在插画越来越多，而且现在画出来的作品要比之前好很多很多。

有时候想起这些事情来，感慨万分。曾经大家什么都没有，只是为了某个爱好聚在一起，聊现在，聊未来。就这样三五年慢慢走下来，每个人都在自己当年憧憬过的道路上越走越踏实，越走越宽广。

回头去看曾经的路，我不禁慨叹，每一个咬牙挺过的夜晚，一次次失败后的坚持，促成了自己一点点的进步，慢慢地我们终于挪到自己要去的地方。

在努力的过程中，每个人都像是提着一盏微弱的灯走在黑暗中，谁都不知道光明什么时候到来，黑暗什么时候被照亮，因为灯光太弱。我们也许会惊慌失措，我们也许会不小心被路上的石子绊倒，只要勇敢努力地走下去，终有一天会迎来阳光。

虽然你一次的努力没有被命运看见，但是你持续地努力总有一天会被它眷顾。

一个月可以改变多少？
▷▷▶

　　有时，大家会莫名地陷入焦虑，总觉得时间不够用。本想能在着急交稿之后好好玩一会儿，却迟迟不写稿，整个人在那里发呆，然后焦虑。焦虑自己能不能成为一个更好的人，焦虑明天的自己在哪里，焦虑自己是不是退步了。

　　然后，就只在焦虑中度过了一天，什么也没做。

　　这种焦虑感在一个无所事事的人身上是不会产生的，反而是一个人越想快速地成功，就越会焦虑。

　　现在，咱们就聊聊持之以恒的力量吧。

　　我没有在说笑，我是很认真的，且的确有必要好好聊一聊持之以恒这件事，而非焦虑产生的原因以及消除焦虑的办法。

　　焦虑，其实都有一个共同点，因为自己定的目标太大，或者自己定的目标太高，还想一蹴而就。完不成，便会产生焦虑，越焦虑越完不成，越完不成越焦虑，陷入一种死循环之中。

谁都想要消除焦虑，却很少有人积极地去实践持之以恒这个前提。

我们都希望自己可以玩儿命地工作几天，完成所有的任务后，好好地玩儿。我们更愿意集中效率做某些事情，之后便如何如何。

可是，很多事情都不适合一蹴而就，而很多工作也不能在短时间内产生效果。这样便需要坚持，而坚持是一件很难的事情。于是，焦虑便随之产生了。

前段时间在知乎上有人问，一个暑假可以改变多少？

不少人回答，如果用双眼皮贴坚持一个暑假应该会贴出双眼皮来；如果这一个暑假坚持早睡早起注意饮食，皮肤会变好；如果一个暑假每天锻炼，开学时候身材会有改变；还有一个最简单的改变，如果一个暑假不出门，开学时皮肤会变白。

我曾经对广告很感兴趣，暑假时借了些关于广告的课本，一个暑假每天像上课一般坐在家里看书做笔记，同时也读了不少广告传媒运营方面的书。后来蹭学校广告班的课，听老师讲到一些专业术语时觉得毫不费劲。

我问陆先生（他是我的男朋友），你暑假都做什么？

陆先生说，中学和大一的时候觉得时间很多，所以肆意挥霍，除了玩儿就是玩儿。从大二开始才逐渐发觉时间的宝贵。千万别小看一个暑假，可以做很多事情，并且这些事情足够改变一个人。

他说，在大二暑假的时候没有回家，整天窝在宿舍里，给一家公司写网络剧，10集，每集800元。

每天雷打不动地执行以下的事情：

早晨必须8：00起床——8：00已经算是给自己假期的优待了。起床后到学校附近买一份早餐，回到宿舍打开电脑，边吃饭边看一集美剧或动漫启发自己的灵感。

吃完早餐，把宿舍简单收拾一下，给自己创造一个干净明亮的写作环境。

从上午9：30开始的两个小时是固定的写稿时间，如果顺利的话可以写出一集来。

11：30后准时合上电脑休息一下。

12：00出去吃饭，吃完饭回来睡个午觉，定下午2：30的闹钟，无论多困都必须起床。如果上午没有写完就补完，写完的话就写一个半小时的专栏。

下午的写作完成后大约是在4：00，到学校附近的健身房锻炼。两个小时后，吃晚饭回宿舍。

回到宿舍后的时间可以自由活动，玩游戏、看电影，甚至是浪费掉都可以。不过宅男的他一般都会选择玩游戏。

晚上10：00时会准时停止，看一到两个小时的书然后睡觉。

第二天如此反复。

他自己说这个暑假这么做的原因是为了把自己的作息规律化。因为之前他白天总是浪费掉，深夜赶稿子。由于他的作息和饮食不规律，身体吃不消且患上腰肌劳损。

他想试试 21 天养成一个习惯的说法是不是真的。

就这样，陆先生以雷打不动的态度持续坚持了 10 天，顺利地写完剧本，专栏也有了很多存稿。

这是之前拖延症晚期的他根本就做不到的。

10 天过后，剧本交上去，他顺利地拿到了稿费。

在假期剩下的时间里，他强制自己继续按照计划去做，没有稿子可写他就随意写自己想写的。他觉得那个网络剧的剧本不够完善，心血来潮又写了 8 集，算是写着玩儿，权当练笔了。

假期结束时，他的作息已经完全调整过来，拖稿的概率变得很小，效率提高起来，睡眠质量和身体素质也改善了许多。

后来，那家公司觉得剧本还不错，有意再拍两季，让他继续写。他直接把后来多写的 8 集当作第二季传过去，公司大吃一惊。

这一个枯燥的假期，他调整了自己的作息，睡眠、饮食和身体状况得到很大的改善，不但养成了良好的写稿规律，按时按质按量交稿拿钱，又把专栏的存稿写完，顺手写的 8 集剧本当作意外收入，除此之外还将自己设想已久的 4 个故事写成 4 篇小说。

晚上的娱乐时间，把他玩儿的一款电竞游戏打到了钻石的等级。同时，利用睡前的时间读完了 6 本书。空隙时间还刷了不少电影和动漫。

他说，别小看这个枯燥的假期。

一个假期的时间并不短，可以做很多事，娱乐、工作、学习三不误，还可以养成良好的生活习惯。

习惯这种东西，一旦养成了，可以给你带来很多意想不到的收获。

还有一个写作上的朋友，他从很久之前就开始每天固定输出 3000 字，无论写什么，哪怕只是日记。上班后的他依旧会坚持每天下班写 3000 字，几年如一日。

经过那几年的训练，或者说是习惯，他写一篇文章简直易如反掌，而我还在为不知怎样落笔而发愁。

一年前，这个朋友在一个星期内连续签出了 3 家不同出版公司的选题，每一本书约 12 万字，而每一本书的交稿时间是 3 个月。

当时我很震惊："你一口气签了这么多写得完吗？每本书 12 万字，3 本书就是 36 万字，你还要上班，怎么可能？"

他很轻松地说："没问题啊。"

当时年少的我简直就像膜拜神灵一般痴痴地看着他。

他说他现在可以每天轻轻松松地输出 4000 字，一个月就可以写完一本书，正好 3 个月 3 本书。

我惊讶地问他："你就没有灵感枯竭写不出来的时候吗？"

他说："3 本书的目录在签约的时候就已经定好了，照着写就是了——如果你能连续 5 年，每天输出 4000 字的话，你就知道该怎么写了。"

我听着他这句话，那感觉就像一个小虾米听武林盟主传授高深莫测的武功秘籍似的。

事实证明，他如期交稿，而那 3 本书也已陆陆续续地出版了。

后来我也练了一下这个技能，在养成习惯后，写稿真是有如神助，就算是脑子一片空白，坐在电脑前也能憋出点东西来。

这个过程会让你发现自己的不足，自然而然地想办法为自己去补救，坚持下来，每天为自己做一点事情。

要说到焦虑这件事，每天都坚持做一件事情，且不断取得进步的人，一般很少焦虑。

找不到方向的时候，先把脚下的路走好
▷▷▶

朋友公司招过一个应届毕业的小姑娘，她个子很小、皮肤黑黑的，是个学特效的专科生。她比公司里的其他人学历低、实践少。

这个姑娘话很少，每天来得最早，老板布置任务也从不挑剔，任劳任怨，哪怕是加班（公司里女孩都不愿意熬夜加班，身体扛不住不说，对皮肤损害是极大的）。当同事们凑在一起吐槽老板的种种"无耻"行为时，她总是笑笑，不发表什么意见。

善良的同事觉得她很单纯很傻。心机婊的同事觉得她伪装成一副道貌岸然的样子，表面不吐槽领导，没准儿背地里偷偷打小报告。

朋友跟她吃饭的时候聊过几句。她说自己刚毕业，加班、没尊严、钱少这些事情不是她考虑的，而且也没资本，过来就是学东西的，没有其他想法。

等学得差不多了，换一个更大一点的公司继续学。她觉得这跟任劳任怨没有半毛钱关系。

朋友说她想法简单。

她说她并不知道自己究竟要做什么，也没有什么梦想，就是学了门手艺养活自己而已。至于将来走什么路还真没想明白，所以只好继续学下去。

听到这里的时候，我倒是觉得这个小姑娘挺明白的。

其实，找不到自己的方向，不知道自己该做什么，这事儿真的特别常见。很多时候，大多数人都不清楚自己应该做什么，以后自己的方向会在哪里。在这个时候，最简单的方式便是将脚下的路走好，将你正在做的事情做好。

慢慢地，当你清楚自己要做什么，或者你对未来有了方向的时候，你会发现，之前所有的积累都是有用的。

大学时有段时间我很迷茫，即使清楚自己以后要找一份与文字方面相关的工作，但仍旧很迷茫。迷茫于不知道文字方面的工作自己能否胜任。因为在大学之前，我只发表过一篇作文，此后就再无其他。谈起文笔来，更是稚嫩得很。

当时，传播学老师在课堂上说，其实工作不是找的，是抢的！他从来不相信什么毕业即失业之类的事情。他觉得如果你要是确定了自己的方向，你4年来都为这一个方向努力的话，在毕业时拿着你这4年积累的作品去面试，没有你办不成的。因为在这4年中你早已击败了80%的竞争者，抢到先机。

我觉得这句话很对。我也想为我今后文字方面的工作提早做点积累，但是我真的不知道该怎么开始。

后来的我尝试着在网上写些小说，都是因为早些年看着张悦然那种略带神经质的细腻文字写出来的，所以写的感觉也这样。

但那时早已过了网络文学的黄金 10 年，而我的文风也根本不适合网文。

写了很久，我又去混天涯论坛。看的散文很多，就在那些舞文弄墨之类的板块里开始写个小诗、写点散文，那时引来不少和我一样诗情画意的回复和共鸣。然而，我仍旧不知道，我应该怎么找到有关文字方面的工作。我也不知道，我现在做的事有没有用。

再后来，我加入一些写手群，认识了网站编辑，开始做兼职小说编辑。我知道了网文和纸质文学的不同，知道了商业文，知道了什么题材会火、什么题材会失败。

我开始大量地阅读网络红文。即使是这样，我仍旧不知道自己毕了业可以做什么，只是多多少少心里有了些底，觉得毕业也许可以先找个小说编辑做吧。我其实还是蛮喜欢写东西的，只是我仍旧不知道该怎么用写东西来养活自己。

在那之后，有段时间心情抑郁，开始听广播，听一些广播里放的歌，讲讲有关这个歌曲的感受，或者和这些歌相似的感受。写这些东西和散文有些像，我也不懂这是不是所谓的乐评，只是很喜欢这样的稿件形式。

写了稿应该有投的地方，那个时候我还不知道虾米，也没有想过去豆瓣写乐评，随意间开始在网上检索电台广播，无意中去了青檬电台，认识了那里的总监。总监以为我要做兼职 DJ，让我去公司试试。

在我说明了自己的来意之后，他便让我编写音乐资讯，合作的艺人公司发来稿件也由我来处理。他和我说，等以后毕业，可以介绍我去唱片公司。

从那时起，我便开始每天固定地做这些事情。到后来，我又在群里认识了我现在的编辑朋友，知道他们那里收乐评后，我参考她传给我的样章，写了两篇乐评给他们，之后便签约开始长期合作。

那时候，我已经大三。

我不清楚自己应该往哪个方向走，但是一直把手里的事情做好，路也好像越走越顺了。

合作乐评的公司是一个很大的传媒公司，旗下有唱片、电影、游戏等很多种类。因为长期合作的良好关系，除了给我乐评的稿酬之外公司艺人的签名唱片、相关艺人的电影票、演唱会票，也时不时给我些福利，甚至在他们招聘的时候，HR还会过来问我，毕业时要不要去公司上班。

小说那边，除了自己可以靠稿费养活自己之外，写稿的两年间认识了不少总编，当年的小编辑有些也都升职或者出来创业。在我毕业的时候，他们也纷纷开出条件问我要不要去上班。

似乎，路一下子就宽广了。

当你找不到方向的时候，就先把脚下的路走好，因为只有走下去，才会更容易发现未来的路。

行远路，慢慢来

▷ ▷ ▶

我不太喜欢在我面前滔滔不绝地讲着自己未来的规划的人，特别是这些规划都与金钱或地位挂钩，而最重要的一点是，你通过她所说的规划再结合她现在的状态，你会觉得她根本就只会空想。

上周末，我就被人这样虐了一下午。

那天，我刚吃完饭准备午睡，有个朋友来我们家附近办事，加之许久不见了，她便把我叫了出去。

在肯德基里，她帮我点了份薯条、一杯可乐，我们便开始聊了起来。听这个姑娘说她最近事业发展不错，刚刚升职加薪。可能是比较兴奋，她开始给我滔滔不绝地讲了她所在公司的企业文化，以及老板是一个怎样的人，在这样的环境里自己有什么样的感悟之类的事。还说她自己马上要结婚了，准备在什么地方买房、买的房子要多大，甚至还为我做起了规划，告诉我以后什么地方发展比较好。

也许是我从学校出来时的心智就一直没长成的原因，我竟觉得她讲的一点意思都没有，也提不起太大兴趣，突然觉得周围这么明亮的环境却有一点憋气。

听完她讲了这么多话，一下午的时光差不多也消耗殆尽，我便带着她去了我家附近的一家我熟悉的餐吧吃东西。

这个餐吧是美国传统咖啡馆的样子，环境没有那么嘈杂。最主要的是，我喜欢他们家一整面墙都是书柜，书柜里可以找到不少好书。

这里人不是很多，也许是自觉，也许是店家黑板上的提示，大家都不约而同地只用适合两个人的音量聊天。

她到了这样的环境里，先是自拍一通，然后和我说："我几乎没有来过这样的环境，这段日子我忙得连休息的时间都没有，吃饭也就去公司附近随便吃些。"

之后，便又开始讲起她们最近在做的项目来。末了，我问她："你给自己的定位是要成为一个工作很厉害的女人吗？"

她说不是，她想要婚姻幸福、过上有品位的生活。

我想了想，她刚刚跟我讲的她吃快餐以及没有任何情调可言的生活，我说了一句："其实，这个目标挺难的。"

吃完饭，我们一边起身准备离开，我一边为她介绍店里每一处的摆设。书架上哪一本书市面上不好找，曲子是蓝调，这个咖啡馆门口的那只慵懒的猫其实是流浪猫，这里所有的植物都是店家自己打理的真植物，还有一些小细节的感动之处及关于背后的某些能够引申出的故事等等。她问我这些地方都是怎么发现的。我说这家店是我去不远处的一家银行取钱的时候，发现了这家隐秘小店的 logo 很喜欢，便在某个周末过来喝了杯咖啡。

她说："真是太棒了，我根本就没时间找这些。下次你碰见这种小店发朋友圈好吗？多晒给我，我也想来这种地方吃饭。"

我想了想，自己没有晒朋友圈的习惯，便拒绝了她。

当然，我拒绝她的原因主要是她不适合这样的环境。我本来也是想让她安静地待一会儿，可是她到了这样的环境里并没有能静下心来好好享受。

也或者说，她现在急于赶路，还不能慢下来生活。

有段时间我在为刘品言的报道写稿子，在整理刘品言采访录音的时候，听她讲起自己在法国留学时候的经历。她说刚到那里时要办理一张银行卡，但是去了三周才办成。

第一次去，填了个单子，对方告诉她下周再来。在她以为第二周就可以办好的时候，结果去了只是递交了一下资料，对方告诉她下周再来。直到她第三次再去的时候，才办好了这张银行卡。

那时的她在没有出国读书之前，档期都会排得满满的。今天要安排几件事情，几点的时候要做完这个，几点的时候又要做完那个，每一天都要完成很多事情。

可是到了法国之后，她忽然要空下来，因为这里的节奏都很慢。

在开始的时候她很不适应，因为已经习惯了每天给自己上满发条快速地完成每件事。

后来经过一段时间后，她适应了，开始在每天早晨悠闲地吃过早餐之后再去上课。有时候教堂做礼拜的人不多，她会静静地在那里坐上一会儿，叩问自己的灵魂。

因为要写她的稿子，我提前做了功课，知道她从法国回来之后在演戏方面获得很大的肯定，又自己开了公司。在不被看好的前提下，将公司慢慢做起来，且越来越好。

坦白说，写她的采访稿时，我对她印象不错。不是因为我要朝着好的方向去描述，而是她在每一次选择归零之后的态度，她不慌不忙、淡定从容。

如果在忙碌的情况下忽然抽离，这是不容易的，而在本来就习惯了快节奏之后，逐渐适应慢节奏也是不容易的。但是她却能够在快与慢之间转换，并在慢的节奏里享受自己的时光，这样才更好。

能够在快与慢之间转换，才是对待生活的态度。

忙于赶路甚至连自己的生活都要分秒必争的时候，其实早就忘记了生活本身的意义。

人生本来就该是一半交给自己，另一半交给未来。交给自己的时间来享受当下，慢慢与自己相处，而交给未来的时间再去努力拼搏。

倘若真的把所有的时间都交给未来，每天的生活都是工作，那么工作用来保障生活的意义就失去了价值。

如果生活不好，我从来不觉得工作能够好到哪里去，即使好也只是一时的好。

行远路，慢慢来。不要太着急地奔向一个又一个的目标，你需要一边奔跑，一边给自己充电。你也需要在奔跑的时候，时不时停下来与自己相处一会儿，反省内心。

一切都是最好的安排，随遇而安

◀◁◁

　　S 小姐大学刚毕业，在接连面试失败之后找了一份超级不顺心的工作，在陌生的城市里，唯一支撑她留在这里的便是爱情。然而，在她忍到极限交了辞职信之后，男朋友却和她分手了。

　　其实，两人早已经争吵过无数次、修补过无数次，终于还是没有走到最后。

　　S 小姐很伤心，她极力想挽回这段爱情。但是，由于是对方先提出分手，一向自尊心太胜的她终究没有挽留，果断地搬离了他们的住处，去找朋友旅行。

　　旅行的过程中，S 小姐一直在四处拍照，和朋友说话很少，也很不开心。几天下来，周围的朋友安排了很多可以一起玩儿的项目，可她总是拒绝，给人融不进去的感觉。

　　出来是为了放松，她却仍旧将所有的心思放在可能与他有联系的通信工具上，一会儿聊聊天，一会儿极力地晒自己的状态，一会儿刷新着某人的动态，摆出一副自己可以生活得很好的样子。但是整个精神状态都能感觉到她根本就不是这样，虽然身体走出原来的住处，心却没有带出来。

而且她还不断地问陪着自己的朋友，为什么自己就失恋了？自己现在觉得很迷茫，不知道要去做什么，接下来可怎么办？

……

这是很多失恋或者失意的人的常态。不仅 S 小姐这样，我见过很多的姑娘都这样，沉溺在某种痛苦里无法自拔，越陷越深。

因为心里牵挂的那一块崩塌了，而此时没有任何挽回的措施，导致接下来的一切都做不好。

不断地刷着动态，不断地想办法去挽回，明明知道这个结果无法改变了，却仍旧想挣扎，其实是在加坏这种境遇。

我记得曾经看过这样一篇文章，有个人因为生意失败、家庭也出了问题，导致自己整宿整宿睡不着觉，心情也很糟糕。

朋友告诉他，既然你知道自己睡不着觉，那就别再强求自己，这件事情无法改变的时候，就别再奢求它改变。睡不着就睡不着，失眠就失眠，你真别太当回事。

他按照朋友的说法做了，躺在床上仍旧大片空白加失眠，只是这一次他不再强求自己睡觉。一夜一夜过去，慢慢地他竟然不再失眠了，也能够接受自己当时的状况了。

我当时看这篇文章的时候，很惊讶这个朋友出的主意，如此别具一格。失眠不去想原因，在困境中不劝他想办法改变心情爬出这个坑，而是告诉他，既然这样了，那就这样吧，接受它。

　　后来我遇见了一些麻烦事，我才恍然大悟。一个人走进死胡同的时候，劝他往回走，或者给他宽心丸吃都是没有用的。由于不甘心，所以会一遍遍问自己，甚至会一遍遍地反复试验，这真的就是死胡同吗？我有没有可能换一种做法或者再做些什么呢？

　　这就是不甘心，但是不甘心也没有办法。没有解决途径，由于那时的自己过于沉浸在悲伤里，即使知道身在死胡同中，想着以一种积极的姿态走出来，自己却已无能为力。

　　这个时候，就不要再挣扎了，也不要想着再做什么补救措施了，最主要的就是随遇而安。遇见的一切就坦然接受它吧，走到哪里就算哪里吧，走不下去就走不下去吧，而遇见了新风景就先接受新风景吧。

　　先学会在坏的处境里随遇而安，与麻烦好好相处，才能将现在的一切变成养料，滋养以后的生活。

　　就像刚刚说的 S 小姐一样，既然已经选择与爱情和过去告别，也已经下定决心走到新的环境里散心了，就该好好享受周围的美景，感受着周围人的节奏与快乐。说不定当你放开之前的死结不去管，那个死结却在不经意间就打开了呢。

　　先放过自己，命运才能放过你。学会与周围的一切相处，才能够感受到新的一切。

我知道，我们都听过太多的励志格言，什么在最低谷才能有反弹到最高点的可能；什么心有多软，壳就要有多硬。

……

但是，无论你以后要做什么，你以后会成为一个多优秀的人，你失去的会在将来一步步以另外一种方式补偿回来，那都是以后的事情。至少这一刻，你需要做的就是学会如何接受这个境遇，再从这个境遇里爬起来。

我知道，我们都听过太多教人如何在困境里变优秀的道理，所以当我们陷入绝境的时候就想迫不及待地从里面跑出来，装得像个没事人一样，但是每个人却不可能真的像冷冰冰的道理一样做到这些。所以，在这个时候，不如就先随遇而安吧。

想不通为什么就不要去想为什么，别管是否失败，既然已经这样了，不如就休息一会儿呗。等心情转好，再去想想，接下来自己要怎么做，未来的路在哪里。

第 二 章

/ 其实你很好，
你自己却不知道 /

你该相信，你并不是别人说的那样没用，你只是恰巧某些方面被人夸大了无用感而已；你的身上还蕴藏着你自己的独特，这应该好好挖掘并加以发展。

但是，这个被认可的过程是一个很虐人的过程，你需要自己肯定自己，也需要好好地按照自己的方式去生活。

如何做一个普通级"优秀"的人
▷ ▷ ▶

我的读者里有一些大学生，经常给我发邮件请教问题，包括我在大学里做了些什么、毕业之后从事怎样的工作、工作内容以及接触的人有哪些……

有些人也会问我一些关于如何提升男朋友穿衣品味的问题，还有些人找我问一些个人成长或者职业规划的问题等等。其实我资历很浅，我能够告诉他们的只是一些我当年的做法，却没有想到我的某些做法会让人觉得我是一个优秀的人。

我不知道我到底是不是一个优秀的人，因为我一直给自己定位只是一个普通人，所以分享一些可能会让你成为一个普通级"优秀"的人的经验吧。

01 多读书，也许可以衍生出很多好事

有一个人曾经问我："我想培养一个读书的爱好，但是我不知道从哪里开始，也不知道该读什么书。你看的书都是从哪里找到的呢？或者说你是怎么知道这些书的？"

看到这个问题时，我很惊讶，我从来没有想过我是从哪里开始读书，以及读什么样的书，而且我也没有想过会有人问这个问题。

后来我才了解到，她课本学得好，考试也没有特别差，只是课外书看得少，屈指可数。有时候我们聊天谈到一个成语，她都不知道是什么意思。

如果你不知道从哪里开始读书，就想一想你对什么样类型的书感兴趣，或者对什么人感兴趣。即使都没有，那么就先走到书店里看看哪本书的书名吸引了你，不妨就从它开始，这应该就是最开始的入门了。

我初中时喜欢张悦然，所以买过她很多书。后来从她的访谈或者文章看到她推荐的书，我就会买来看看，久而久之，就看了不少国外的小说。

中学时期看的小说和一些文化类的书比较多，导致那个时候自己也想从事类似的工作，后来便开始慢慢写东西。

大学时期有时候很欢脱，有时候很迷茫。迷茫的时候心情会不好，就喜欢买买买，后来觉得这样虽然缓解了心情，但是很容易陷入恶性循环。于是迷茫的时候便强迫自己去图书馆，一列列书架去翻。也是那个时候看了很多在我以后找工作中可能有用的书，例如网络广告、媒体运营、市场营销之类的书。这一块的爱好一发不可收拾，那段时间没事就拿着广告班朋友的课程表去蹭他们班的课听。

这使得我工作之后，总有人想挖我去做新媒体运营之类的工作。

我还有段时间迷恋心理学，这是由于我们的女神编剧老师在课上给我们一堆刚上大学的孩子们讲弗洛伊德。之后便去看了他的那本《梦的解析》，自己看不懂，就找一些稍直白的、简单易懂的心理学的书来看，什么变态心理学啊之类的，再后来就加入一堆心理学的群。

看书这项本领应该是最便宜却又能够快速提升一个人内心的事情，而且有些书看多了，自然会给你一些潜移默化的影响。最起码，表达能力会好一些，还能让自己少犯一些错误。

02 永远保持好奇心

如果有一个可以让人不断进步的方法，那便是永远保持好奇心。

我曾经在某次茶艺活动上认识了一个男人，他是开茶楼的。当时聊了几句，只觉得这哥们儿对茶和古玩挺懂行的，就听了点皮毛。后来时间长了，发现他之前还做过很多事情，例如大学时候学了些小语种，做电影翻译，还有玩过一段时间的摇滚，还做了很多我们觉得很棒的事情。

他所做的这一切，最初竟是因为对这件事情有兴趣而已。

当然，我对很多事情保持好奇心是因为我本身三分钟热度，对什么都有些好奇。还有一部分原因便是我舍友的爸爸，他是一个在当时我觉得很厉害的人。

首先我很喜欢我这个舍友就不说了，因为我舍友不麻烦别人，自己很独立且自己玩儿什么都能很在行，这一点让我很欣赏。

她爸爸则是一个年纪很大却每天活得很开心的人，工作很忙，但一有时间总会想着出去玩儿。这可比我舍友好奇心重多了，他是那种好奇心一上来就会死命研究，一直研究出门道来为止的人，所以心态年轻得不行。

我当时就觉得这种人是值得我学习的，我也要做一个永远不老、充满好奇心的人。只是后来，随着慢慢长大我才发现，对很多事情保持好奇心是一种能力。当人们慢慢地奔波在生活里，无暇顾及周围的时候，就不容易再对很多事情充满好奇心了，而没有了好奇心，生活就会慢慢变得乏善可陈。

永远保持好奇心也许不能让你成为一个很优秀的人，但是它绝对会让你成为一个有趣又不无聊的人。

03 试着理性思考

"女人一思考，上帝就发笑。"这句话我也不知道是从哪里听说的，但是我还是比较推崇理性思考。

我思考问题的方式比较简单，在遇到问题的时候，我会从为什么会这样，以及我该怎样做这两方面来考虑。因此在处理很多事情的时候，我想我还是一个理性大于感性的人。这也就避免了因一时冲动而做出让自己后悔的选择。

大多数女人的感性是与生俱来的，她们对事物的感知以及细节的把控都会有优势，而大多数时候，她们也因为这种优势而陷入负面情绪中。

这时候，先让自己稳定下来，想清楚这些事情应该怎样处理，以及事情的来龙去脉。这样下来，很多错误就可以规避，即便规避不了，也能将伤害减到最小。

04 培养一个爱好吧

我有一段时间情绪不太好，也因为在家自由工作的原因，周末偶尔约朋友逛街，其余的时间就都是在家里。"宅"这件事情刚开始还好，如果时间长了，就会觉得单一而乏味。也是那个时候，我开始变得很烦躁。

烦躁的一方面是我每天独自在家，在看书、看电视、写稿、偶尔出去玩儿之后貌似也没有什么新的事情可以做；烦躁的另外一个方面是因为远离了群体。这样一来就不知道大多数同龄人在做什么，上班的时候大家一起斗地主，一下午的时间都不觉得被浪费了。可是在家的时候，就会觉得时间是不是被浪费了，有没有可能大家都奔跑在路上，而只有我太安逸，我会不会被淘汰？

而且，一个人每天总做这些事，没有来自周围人的认同，自己会时常怀疑自己，这样的日子是不是真的太荒废光阴了？

开始的时候，我会出去玩儿，后来天气热了就懒得动，我就琢磨着再开发点技能。于是我养了几盆花，养花的过程一波多折，但是庆幸有几盆花慢慢被我养活了，而且越来越好。

后来朋友过来找我玩儿，我送了些自己养的花给她，她开心，我也挺开心的。

培养一个爱好，长期坚持下来。当你心烦意乱的时候，想想自己爱好的事，心情也会好很多。

05 如果能够完成，请尽量不要拖延

拖延症其实真正影响人们的并不是因为拖延导致很多事情没有做，而是因为拖延造成的拖延惯性，事情越积越多，影响心情。

当我们需要做很多事情的时候，一开始就容易心烦，之后便陷入这个怪圈里无法自拔。

如果能够整理一下这些事情，将这些事情一点点列出来，再一条条去执行，做完后就会发现，这其实也很简单。

我是一个拖延症比较严重的人，但是我又自认为还算对自己要求严格，然而这种严格只体现在思想上，所以成了"思想上的巨人，行动上的矮子"。

我每天早晨都会给自己定一个目标，例如工作的时候会先想今天有什么事情，我可以安排做点什么之类的。

因为是思想上的巨人，所以我每次都会想要做很多的事情。我希望我的一天看起来尽量充实，可是尽量充实加上行动力太差，往往一件事拖延了，就影响下一件事情的进度。于是一天下来，事情没做完，弄得自己心情很糟糕。

周而复始，越来越严重。

后来有一天我就想不能这么下去了，如果事情多，我完不成的话，那我就先完成一件事情，然后再完成另一件事，一件事情接一件事情地慢慢来。

我把一天要做的事情都列在一张表上，所有的事。例如收拾屋子、把衣服送洗衣店、去楼下打水、写稿子、看书、写书评……。一件事一件事去做，结果我发现，我一天可以做很多事，而且很多事都能够圆满地做完。

睡前看到自己一天做的事，还会很有成就感。

如果能够完成，就尽量不要拖延，拖延了一些工作也许可以加班补回来，但是拖延了心情就不好调整了。

对大多数人来说，我们都是充满着诸多缺点和优点的个体，而所谓的优秀就是我们在不断地增加优点，改善缺点。

无论是增加优点还是改善缺点，或者在做一些细致而全面的事情，又或者是学习一项新的技能等等一切的一切，其实都是为了我们能够更加快乐而舒服地活着。

　　能够看到生活的希望、知道自己的进步，能够管理好自己，不是某一方面的精英却有着养活自己的本领，同时还能有小爱好去享受生活，在我看来就是一个很优秀的人了。
　　能够很好地与自己相处与外界又不失联络的人，在我看来就是一个优秀的人。

你并不是别人说的那样没用
▷ ▷ ▶

你小时候听得最多的一句话，也是最害怕听的一句话，大概是"你看那谁谁家孩子考得多好……"，又或者是"你看那谁谁家孩子多懂事……"

后来随着你的年龄增长，成绩如何这样的拷问从家长扩散到了身边的七大姑八大姨甚至邻居……

你的年龄再大一点，很努力地考上了大学。如果是一般的大学，类似这样的话还是会听到："你看老谁家那小谁，考上了重本，你再看看你。"

如果你考的成绩还不错，被一本大学录取，大概也会听到类似的话："你看谁谁家那个谁，清华呃。"

再后来，大家似乎对你的成绩不感兴趣了，逐渐开始对你的感情生活加以干预。禁止了你 10 来年感情的家长，开始迫切希望你尽快拥有一段异常美好的感情。

尤其是你毕业后，如果还没有找到另一半的话，他们就开始催你相亲了。因为邻居家和你差不多的男生已经结了婚，隔壁家比你小的姑娘也在前几天嫁了人。

工作也不例外，好像一瞬间周围的人都开始关心起你来——"找到工作了吗？你在哪儿工作啊？一个月挣多少钱啊？"

当然，某些方面做得已经很好，即使按照以上所有标准都达到优秀之后，仍旧会有人跳出来就你某一点说你这样说你那样。

这样的情况很多，那我们应该怎么办呢？

前几天，和朋友吐槽的时候，听朋友讲了一个她邻居的故事。

她前院邻居家有对孪生兄弟，从小，哥哥就一直生活在弟弟的阴影里。因为弟弟的成绩一直很好，换句话说就是弟弟是学霸，哥哥是学渣。父母总是拿弟弟比较哥哥，句式仍旧是那么单调而缺乏创新："你看你弟弟，还好意思当哥哥呢。"

小学、初中、高中就不说了，上面的那个句式就可以概括一切。

高考后，弟弟考上了一所"211"的学校，而且每年都拿奖学金，学费、生活费都不管家里要，且选了一个很高尚的学科——道德学。

瞧瞧人家，上个大学都能上出道德的高度，让父母引以为豪。

哥哥非常费劲地考上了一所三本类的学校，学费自然比弟弟高。父亲每次给哥哥生活费或学费的时候都会带上那句："你看看你弟弟，你可真没用啊……"

大二时哥哥再也受不了了，他决定不再向家里伸手要钱上学。那年的暑假他没有回家，而是留在学校所在的那座城市里打工。

哥哥学的是环境艺术设计，主修室内设计。趁着这个假期他去饭馆里端盘子，先把自己开学后两个月的生活费攒够了。开学后能逃的课他都逃了，一门心思去室内设计公司实习，开始只有几百块钱，但是有餐补。渐渐地，软件使用熟练后，他就开始接私活，给人设计图纸——CAD 平面图和 3D 效果图。

从开始一张图几十块，到后来的一张图几百块。

他没有再跟父母要学费和生活费，一直到毕业。不仅如此，他还存下了一些钱。

弟弟选择了继续读研，朋友讲到这儿补充说，按照弟弟的专业，也只能继续读研了，好一点的出路是念完博士后留校。

但是这次读研，学校并没有管费用。是哥哥拿出了他的存款，让弟弟继续读研，并且要求弟弟隐瞒了父母，说学费是学校出的。

哥哥毕业后，凭借着这几年接私活练就的熟练技术，在一家高端设计公司找到了一份工作，做了几个项目之后被提拔为高级设计师，开始带团队。

弟弟终究是告诉了父母哥哥供自己读研的事情，并要求父母保密。父母开始对哥哥的印象和态度有所改观。

3 年后弟弟读完研并没有继续读博，他选择了去找工作。可是他的专业很难找到一家欣赏他的公司。弟弟受到了巨大的打击，丧失了信心，觉得自己很没用。哥哥安慰完他后选择了离职，凭着多年积累下来的经验、人脉和客户，创办自己的公司，邀请弟弟来帮他做管理。

现在哥儿俩的公司已是有模有样了。

朋友讲完这个故事之后和我说："这邻居大我没几岁，但是也毕竟是大了几岁了。我大学才毕业未满一年，我妈天天和我说，我这大学还重本呢，挣得这么少，也白上学了，数落得我头都大了。"

我说："这个例子不是挺明白的吗？每个人的优势不一样，而且每个人的阶段也不一样。你可以将这个故事讲给你妈妈听。"

朋友懊恼道："这个故事哪里需要我讲，这就是我妈讲的。可是她从这个故事里领悟的是人家兄弟俩现在有出息了，让我好好学学他们。我现在已经被我妈打击得体无完肤了，觉得自己各种没用。"

我从小也经常活在别人的阴影里，邻居是学霸，恰巧高我一个年级，每次考试都会考第一名，考成第二名便回家大哭一场。

所以，我如果考了第一，差不多还能好好玩儿一个假期。如果不能考第一，虽然假期里我家里人也不看着我写作业，但是依旧会经常说谁谁家的孩子怎样怎样。

就这样一直活在学霸的阴影里，到了高中，学霸仍旧是学霸，而我的成绩却落到了普通到不能再普通的地步。

家里自然继续说，说到后来，也没有什么起色，就这样一直在被折磨中慢慢到了大学。

临近大学毕业，听说学霸被保送到了某国家重点大学念研究生，而我成绩一直不上不下，倒是写东西这方面，在毕业之前就已经可以养活自己了，找不到工作也饿不死，我家里人才稍稍放松些。

但是反复被这个"别人家孩子"虐心的过程确实是极度难熬的，甚至在被虐的过程中，自己也会忽然对自己说，要么就这样吧，自己好像真的挺糟糕的。

毕竟不是每个人都能每天都给自己打鸡血，扛着众多的压力成为别人眼里那个优秀的人，这种逆袭的践行性也太小了。

那么，和"别人家孩子"相比不优秀的我们应该怎么办呢？首先需要肯定的是，你并不是别人说的那样没用。

也许某些人数学比较差，而恰巧英语语感不错。

也许某些人耐性比较差，但是能歌善舞。

也许有些人爱社交，有些人却喜欢宅在家里安静地做事。

这些多样性，大家其实都明白，但是大家往往都在苛求自己，非得按照批判者的想法以自己的弱点去和对方的优点做比较。一而再，再而三的努力也弥补不了，到后来也真的觉得自己很糟糕。

其实，无需烦恼太多，你只需要默默地将自己擅长的东西做好，慢慢让身边的人发现，其实你也是某些方面的优秀者就好了。

久而久之，大家也渐渐认可了这个多样性。

但是，这个被认可的过程是一个很虐人的过程，你需要自己肯定自己，也需要好好地按照自己的方式去生活。

你该相信，你并不是别人说的那样没用，你只是恰巧某些方面被人夸大了无用感而已。你的身上还蕴藏着你自己的独特，应该好好挖掘并加以发展。

忽然想起来，当年舍友们一起坐在宿舍里剪片子的时候，也只有我特效做得渣，调关键帧都能烦死。后来我终于对自己妥协了，决定以后绝不碰后期这块，一定要做个内容输出者。

但是，从现在来看我其实并不是很没用，对吧？

爱自己才是一生浪漫的开始
▷▷▶

某一天，我收到了一封情感咨询的豆邮，姑娘和我说，自己很爱一个男生，每天所有的一切都是围绕着这个男生转，拼命对他好。开始两个人的关系还不错，后来她发现自己越这么做，他越跑得远了。直到今天，他和自己翻脸了。

她问我她应该怎么办，这个男生想要离得她远远的，永远……她很害怕。

我回答她："先给彼此空间，再谈爱。先爱自己，再爱别人。"

爱情中，我们总会遇见这种类似的例子，特别是身边的众多姑娘们，一旦投入到爱情之中，定然要为男友全副武装。

男朋友爱长发，一定要把短发留成长发；男朋友爱裙子，一定要把裤子换成裙子；男朋友一句"你怎么和别的姑娘不一样，别的姑娘见男朋友一定要化得美美的"。于是，你也费尽心思去买一堆化妆品来武装自己。

凡此种种，都是我身边的姑娘们做出来的事情。这样还不够，一定要竭尽所能地为对方做得更好。最后，却被男朋友以"你太黏人""我要自由空间""彼此静静"来收场。

当你跳出爱情，理智地思考爱情这件事情的时候，你会发现其实你所定义的爱情一定是平等互爱、有默契有共鸣、携手走向未来之类。你绝对不会给自己的爱情冠以"我爱他爱到失去自我""我要无条件对他好，只要他高兴""我一定要为了爱委曲求全"之类。

可是为什么当你投入爱情的时候，就忽然全变了呢？变成了一副爱情圣母的模样。

这其实是最累的恋爱模式。倒不如先学会爱你自己，让自己焕发出魅力，这样总会有一个人因为欣赏你的特质而靠近你。

取悦别人，往往比取悦自己更难。一个都没法让自己开心的人，怎么会在相处的过程中让别人开心呢？好的关系，从来都是旗鼓相当的。

我大学时候有一个玩得不错的朋友，她是她们宿舍的打水专用员、扫地机，她是很多朋友口中的"随叫随到"。

朋友在外面唱歌，快递到了学校无人取，打个电话给她，就算她在睡觉，也一定会快速穿上衣服去取快递。同宿舍的人让她帮忙点名，结果老师正巧点那个同学回答问题，她便站起来帮同学回答了。因为回答问题比较精彩，老师记住了这个名字，于是她一个学期都被叫成这个同学的名字，而她几次求同学去上课，这个同学却不去。最后导致这一个学期，老师点到她自己名字的时候，都无人回答。

她有时候会找我抱怨这件事情，抱怨得太委屈时还会哭。

我问她："那些找你索取、让你帮忙的同学，你从心底喜欢她们吗？你喜欢和她们相处吗？还是因为你听过俞敏洪大学时候给舍友打了 4 年的水，最后，舍友都回来帮他创业的故事？"

她摇摇头说都不是，自己也不想这样，只是比起被麻烦，自己更讨厌被孤立的状态。因为高中的时候，不知道因为什么事而被孤立过，所以很害怕那种感觉。

我忽然明白她为什么这么做，我和她说："你不要害怕被孤立，你要学会拒绝那些让你不开心的请求。因为这些不开心的请求即使你当时答应了，你的身体也会记得，当遇见这个人的时候，你也会无来由地排斥她。既然你排斥她，你们以后肯定不会成为朋友。"

之后，我听说她们宿舍某个人和整个宿舍闹掰了，但是这个人不是她，而是那个永远指使她帮忙点名的人。在她拒绝她之后，她又去找别人，别人都无法答应她的请求。

反而这个姑娘在毕业之后人际关系一直很好，有两三个好友，几个能够和谐相处的小圈子，工作之余不忘生活。

融入一个圈子，很多人都会为了尽快"融入"而多多少少劝自己调整心态，而后委曲求全，甚至有些人还会说，每个人身上都有优缺点，既然是朋友就要接受别人的缺点，然后……

我可不同意这种理论，调整心态这种事情也许对于某些既定的事情实用，可不适用于人际交往。一个需要你调整心态才能交的朋友，一个需要你调整心态才能融入的圈子，肯定不是适合你的圈子。

所以，也就别削尖了脑袋把自己磨圆后去融入这个圈子了。也不要别人喜欢圆，你就把自己捏圆了；别人喜欢方，你就把自己变成方，去取悦别人了。

有取悦别人的时间，不如好好研究自己的喜好，取悦自己。喜欢练字就去练字，喜欢读书就去读书，喜欢跑步就去跑步，喜欢唱歌就去唱歌。难道练字的地方没有朋友？难道图书馆没有朋友？难道健身房没有朋友？

取悦你自己，才会找到欣赏你的人。

不能因为取悦别人，而忽略了自己；不能因为取悦别人，而委屈了自己。

但是，取悦自己也别陷入以自我为中心、要求别人都围绕自己转的怪圈。取悦自己是了解自己的喜好，深挖自己的内心；取悦自己是修养自己，而后吸引更多与自己同样类型的人，而不是以自我为中心，要求别人也来取悦自己。

这样反而是从一个极端走到了另外一个极端。这样一直走下去的话，我们就成了别人讨厌甚至自己也讨厌自己的那种人。

　　其实每一个人都是独一无二的，我们存在于这个世界上便有了独特的价值，无论是我们委曲求全讨好别人还是取悦自己，都是想获得更多的肯定与更大的开心。

　　不要太担心，因为我们都是值得被尊重、被肯定、被爱的。

不忘初心，方得始终

◀◁◁

前段时间新认识一个作者朋友，之前一直在某个网站写稿，后来稿子没过，整个人很低沉。因为聊天的过程中，我觉得这个姑娘身上有些我比较看重的品质，所以我决定帮她一把，便介绍她认识了我现在的编辑宛爷。

像我们这种写网文投精品买断一般审稿要 3～5 天给消息，有些编辑又忙又犯懒就会说 5 天给消息，而一周没消息也是常有的事。结果我当天下午介绍她过来，这姑娘在晚上 11：00 的时候就在 QQ 上和我说："没过。"

我当时一看时间，第一反应不是想着这姐们儿怎么运气这么差，又没过，而是想，今天周五，大家都度周末了，一向自诩早睡早起的宛爷竟然还没睡。在这个如此美妙本该享受周末前的宁静夜晚，她竟然一点都不为之所动，而是在电脑前默默地看完了稿子后还给人退了稿……

怪不得没有男朋友！

但是现在不是感慨的时候，既然姐们儿过来把苦难分享给我，我必须先把人家安慰好。

我和这姐们儿说："没事，一个编辑一个眼光，这里不过再换别家投一下，很正常。我早就习惯了这种日子，你也别太难过。"

姐们儿说："刚刚编辑给我讲了很多，把我开篇具体哪里有问题怎么修改都给我讲的特别清楚，我已经收获很多了，你不用特别安慰我，我没事。确实好几年不看文了，故事太老套，我打算看50本红文写个开篇再来投，还投她！"

我说："这么励志……"

她说："嗯，好久不见这么暖心的编辑了。"

之后我俩又说了些有的没的，讨论了一些写作技巧及过稿技巧之类的东西，在这姐们儿夸赞宛爷的温暖贴心声中结束了谈话。

关于在网上写小说这件事，我不是什么特别牛的人，但是混了这几年，也算是有点经验。自认为见过的编辑也不少，处事风格五花八门，但是像宛爷这种开启我人生另一重天的编辑，还真是头一个。

总之，用四个字概括：简单粗暴。

宛爷是一个工作了一两年的小编辑，一个女生有个很温柔静好的名字，偏偏自称爷。刚开始做精品买断，手下没有买断作者，我作为第一个，她对我真是格外认真负责。有一次开篇很顺利地过了，之后却各种不顺，总是让我改文。本来网文就是一个量产取胜的东西，她竟然改得比出版还细。用她的说法就是，既然签了我，就要对我认真负责。

然而，她喜欢虐文，而我是写宠文的。她喜欢文风严谨，我则以讲段子著称。所以签了我之后，我俩是各种磕磕绊绊，经常是每周五我深夜写了3万字交给她，她给我打回来2万让我重写。我俩因为一个情节的处理方法不一样而争辩一上午，谈到最后，我妥协去改稿，她给我丢下一句下周再战！

在周而复始的战斗中，我终于爆发了，我说："我写文从来没这么被卡过，我跟了好几个编辑都没这种事。你让我这么改文，既然受不了我的文风，你可以停了我的文，别让我写了！"

之后便再也不搭理她，随便她怎么着，小说爱怎么着怎么着，我也不管了。

结果，她一个人跑去看各种与我这种文风类似的书，还给我发短信道歉。

其实我当时也是一时生气，这毕竟是我的小说，我要靠它生存，不管发生什么我都会继续写下去。

一个编辑跑来和我道歉，我还真的有些不好意思。而且当时她手底下作者慢慢多起来，其实真不差我这一个了。

事后，我俩又开始各种战斗，直到她慢慢改变了我的一些毛病，她自己也在这个过程中看了许多红文，渐渐适应了我的行文风格。

那个时候，对于拖延症、懒癌晚期、得过且过的我来说，简直就是噩梦。

已经混成老油条的我，只想简单地混日子，她却非得逼我往成神的路上走。用她的话说，既然签了，就要对我负责。

可是，也正因为宛爷的关系，我开始不得不好好写起来，成绩也开始慢慢变好。

她的作者多起来之后，她仍旧和每个人这么死磕，觉得一个人好像步入正轨了，她就放过这个人去磕下一个，一直到后来，她升职了。

由原来的一个小编辑开始负责所有女性频道的事务，每天除了审稿、维护作者，还有了一堆杂七杂八的事情。

我作为被她磕完了后步入正轨的人，渐渐已经开始犯懒不给她交稿，她也不指正我的错误，而去管新的作者了。我以为她这么忙，肯定不会再像之前那么较真了。

然而，我真是低估了她的战斗力。直到我介绍来投稿的姐们儿深夜11：00还收到那么详细的改稿信息之后，我才知道，她虽然工作很忙、事情很多，现在完全可以不用投入太多就会有不错的结果，但她仍旧像当初一样全力以赴。

她是我遇到的编辑中不算有天赋的一个，我也不知道她在这条路上到底要多久才能走到她想去的地方，但是我知道，不管多久，她一定会到达！

一个永远充满热忱的人，一个由于时间的推移慢慢被周围影响却依旧初心不改的人，我不知道我该用什么词形容她才好，反正我真的从心底里佩服她。

我教过她很多偷懒又可以把事情做在表面，还可以做得很漂亮的方法，她都没用。

最后，她反而让我觉得我该好好地坚持一下，用最热忱的方式走今后的路。

你的气质里藏着你所经历的故事
▷▷▶

很早之前看过一个笑话：一个长得很丑的人，只要从18岁开始，善待他人，用宽容和理解的心面对世界，如此坚持30年，就可以成为——一个很丑的中年人。

笑完之后，还觉得挺有道理的。不过你可千万别当真。

我记得我在大学时候有过一个阶段很努力，现在想起来已经不记得具体是努力做什么事情了，只是记得努力了很久，结果却不尽如人意。

那时我发现，不管我努力还是不努力，其实差别都不大。我开始怀疑一个人不断地充实自己，不断地去观察着周围的生活，坚持与人为善，就真的能够把生活变好这个论断。

我有天很沮丧地和一个大我几岁已经上班很久的姐姐聊天，我问她："我觉得我的努力都白费了，我不想再努力了，感觉不管是好好生活还是混日子都是一样的。"

她说来上班的路上，她在公交车上看到电视里播了一个节目是关于一些花的知识的，她就好奇看了一会儿。结果过了几天，有客户找她写一篇文，恰好与这些有关，她就把那天看到的知识加上自己的理解写进去了，不到两个小时搞定了稿子，收入了500元。

她说："其实，我当时也觉得就看一会儿电视，没有在公交车上玩儿手机也没什么，可是后来却在不经意间用上了这些知识。我这个事是一件小事，但是我们所有的经历其实都是有用的。虽然有些事情可能现在没有回报，以后也会有回报的，只是回报的时间与形式问题而已。"

我当时听得半懂不懂，我只是觉得貌似有一点道理，至少自己多积累一些知识，也许现在没有用，以后总有一天能用到。

于是很多小事我都开始认真去做，把所有机会都利用上努力去处理好每一件事，结果因为这些不经意的积累，使我在上班之后很幸运。

大四的时候我在一家传媒公司上班，因为工作顺手，很快便转正了，同其他同事拿一样的工资。上班3个月就到了年关，公司因为财务问题开始裁人，将之前的同事裁掉了一大半。我们部门的文职由原来的5个人裁到只剩下我了，并给我调了岗。

后来在我辞职的时候，行政很惋惜，和我谈了很久。谈及当时为什么那么多老员工比我工作经验丰富，偏偏把我留下时，她说："因为觉得你做事情认真，且什么都懂一点，给你安排什么职位都比较放心。"

虽然我有我的人生规划，并不赞同她的职业安排，但我仍旧觉得我因为之前的经历而躲过这次裁人，再到如今自己主动离开是一件很幸运的事。

包括后来在其他工作中仍旧会发现，之前有意无意的努力，都会在某个时候突然跳出来帮自己一把。

我还有一个朋友，这个朋友的故事比较狗血，她差不多有 10 任男朋友，每一任总结起来都很有特点，分手理由更是一个比一个奇葩。例如，她曾经和网友见光死；她曾经有过一个谈了 7 个月的男朋友，分手的理由是因为不想再异地恋了；她曾经有个男朋友莫名其妙地消失之后她就再也联系不上；她也曾经拒绝过变着花样对她表白的男人。

她的感情一路跌跌撞撞，开始在爱情里吹毛求疵，到后来失败之后纠结，立志改正，再犯，再改正。

她曾经因为爱人不顾一切，结果把自己伤得体无完肤。我们劝她不要为了寂寞去谈恋爱，她总以为自己不是寂寞，结果却又是失败。

总之，谈起她的感情就是一部血泪史。

后来有一次，一个女生失恋了想不开，怎么劝都劝不住，结果是她把她劝住了。她只听了那个女生的故事，不用女生自己讲感受，就清楚地知道她在想什么。然后一开口，对方就深表赞同，两个人聊了一夜之后，一起在太阳升起时各自回房洗洗睡了。

之后，那个女生开始有事没事来找她玩儿。

我们好奇，问她是怎么能够这么清楚地知道当时那个女孩在想什么呢。

她淡淡一笑："百炼成钢。"

后来，她谈了一场恋爱，恋爱谈得时间很长。两个人一见如故，男人对她爱到不行，一直到结婚，婚后生活还是过得像恋爱一样。

我们仍旧好奇，问她是怎么让爱情保鲜的。

她仍旧是淡淡一笑，却很神秘地说："没什么诀窍，悟吧！"

积累细小的事情，积累细小的知识，不定什么时候便能够帮助自己；积累了善缘，不定什么时候便会得善果。即使经历了诸多的苦难，慢慢从苦难的泥淖中走出来，也许能够收获意想不到的结果。

我记得曾经在九型人格的沙龙上听讲师说过这样一句话："每个不同人格的人，优缺点不一样。同样一件事情，在一种人格面前可能没有任何问题，对于另外一种人格却是一个坑。"

我曾经在听完这些课的时候深深地思考，我该如何去避免这些坑。然而我并不知道在未来的日子里我会遇见什么坑，所以谈避免无用。只有尽量让自己在这一刻多积累一些，让那个坑到来的时候，别太吃力就跨过。即使跨不过去，也要努力在栽倒的时候思考为什么会栽倒，自己有什么欠缺，将所有的经历都用来滋养成长。

如此这般，所有经历必有它的意义。

好的境遇，不忘积累；坏的境遇，努力爬起。你曾经经历过什么，你的未来将会因为这些经历而有所成就。

再回到开始的那个笑话：一个长得很丑的人，只要从18岁开始，善待他人，用宽容和理解的心面对世界，如此坚持30年，就可以成为——一个很丑的中年人。

这个其实会有很多不一样的版本：一个长得很丑的人，只要从18岁开始，早睡早起、学习护肤、学习时尚搭配、找到自己的风格，勤于锻炼，如此坚持30年，就可以成为一个——穿衣有品位、身材气质都很棒的人。

一个长得很丑的人，只要他努力钻研经商之道，不断开拓思维，善于从细微之处观察并发现商机，如此坚持30年，也许都用不了30年，他就能成为下一个马云。

一个长得很丑的人，只要从18岁开始，善待他人，用宽容和理解的心去面对世界，如此坚持30年，就可以成为一个很受欢迎的人。

你经历什么，这些经历都会塑造未来的你。

高效率不等同于用时最短

◀◁◁

讲讲踩点小姐的故事。

踩点小姐喜欢睡懒觉，所以上课的时候一定是大家等她一起去教室，然后拿着书本从教室后面溜进去，坐在最后一排再问问周围的人："老师点过名了吗？"

这些都无伤大雅，反正我们已经习惯性迟到。

后来，和踩点小姐一起去旅行，我很早便开始收拾东西，一直到我给踩点小姐打了几个电话后，冲到她住的地方把她揪下来，踩点小姐才看着手表慢慢悠悠地和我说："着什么急，肯定能赶上的。"

我告诉她："你要知道咱们去的可是很远的那个车站，而不是咱们附近这个。"

踩点小姐才恍然大悟。

下了出租车，我一路狂奔，带着踩点小姐最后一秒冲过了检票口，踩点小姐和我说："着什么急，肯定能赶上的。"

由于我们去的地方没有直达的火车，还要倒车，踩点小姐用空出来的半个小时拉着我从火车站出来，跑到不远处的地方买了点当地的小玩意儿留作纪念。

当我们买完这些小玩意儿的时候，自然又快要赶不上检票了。

我又拉着踩点小姐一路狂奔，刚上了电梯还没到检票口的时候，按照准点时间，已经来不及了。

但是，幸运的是，火车晚点。

我坐在一边气喘吁吁地和踩点小姐说："为什么就不能悠闲地去旅行呢？"

踩点小姐不以为然地说："我喜欢这种飞奔在路上的感觉，我觉得我肯定能赶上的。"

到了住的酒店，踩点小姐在整理东西的时候发现，她常用的物品有不少都忘带了。

之后的几天，能选择不一起出门，我便会不和踩点小姐一起出门。

因为我性子太急，看到对方如此不着急，我就会更急。

后来我们都毕业了开始上班，有一天我问踩点小姐上班迟到吗，踩点小姐说："不迟到了。"

我问："为什么不迟到了？"

踩点小姐说："我之前还是很喜欢踩点的，我算好了时间出门，直到后来公交晚点了几次，而我们规定迟到 10 分钟扣 10 块钱，迟到

20分钟扣20块钱，我被扣聪明了，每次觉得差不多要赶不上的时候，我就去打车上班。结果，打车也迟到，我被这个复杂的交通整得再也踩不对点了，我便不踩点了。"

踩点小姐虽然上班不踩点了，但是她踩点的毛病根本就不改。

她自己出去玩儿的时候，因为踩点赶火车而没有注意自己的背包拉链开着，而跑丢过钱包和身份证。

她当初踩点上班的时候，经常是在公司楼下买一个煎饼，结果煎饼刚摊了一半还没熟，她付完钱发现来不及了，便直接先跑到楼上打卡，再跑下来拿自己的煎饼。

但是踩点小姐一直觉得自己是节约时间的典范，是高效率的典范。

所以，踩点小姐的老朋友来找她的时候，遇见了她的新朋友都会问一句，她还踩点吗？

踩点小姐还真不是什么效率高，她因为踩点错过很多机会，也耽误过很多事情。

但是踩点小姐的信条是：我赶一赶，肯定能赶上的。

小事情的拖延看不出和不拖延有什么不同，就像有些人花了一周时间完成一份作业，而踩点小姐到了最后一天完成了这份作业，可能只比对方少了10分。

于是便可以心安理得地认为自己效率高，办事又稳妥，自己只要赶一赶就行了，对方那么早出发，不才比自己高出了 10 分而已……

人们普遍的心理会认为，有些人早出发，而我晚出发，只要在这个路上努力地追一下，就应该能追上的。

如果是赛跑，可能是这样。赛程就这么长，别人不慌不忙地跑，而你慌慌忙忙地跑快些，最后大家也都是跑了一样的路程。

但是人生怎么可能是赛跑呢？人生的轨迹怎么可能就是一条画着跑道线而周围什么都没有的跑道呢？

而且，在这个追赶的路上，往往会因为慌慌忙忙而出现很多问题。

做好充分的准备，从容地走在路上，每做一件事情，便能够享受做这件事情从头至尾的快乐，而不是先把前面的时间浪费在睡觉、看电视或者其他不相关的事情上，最后时间不够了再去赶进度。这样你做这件事情的过程中收获的肯定会比你想象的要少很多。

一句俗套到大家都知道的话：成功是留给有准备的人。

慌忙赶路的人，从来都不可能是有准备的人。如果对他要做的事情有准备，他也不会如此慌忙地去执行。

同样地，那些慌忙的人也绝对不是效率高的人，也不是应变能力强的人。试想一个人连基本的准备都没有，如果当时有什么突发情况，他能够做出什么反应来？

效率高指的是快速而高效地做完某件事情，而不是时间来不及了，快速地糊弄完某件事情。

看似用很少的时间完成了一件事情是节约了时间，其实这是对你之前闲散时间最大的浪费，也是为你的失败埋下伏笔。

　　别再慌忙地赶路了，这样你会为了赶路错过沿途很多风景。

正视"不好"的时候，
便是趋向完美的时候
▷ ▷ ▶

大学毕业后，Q姑娘开始了全职的写稿生活。

从学校搬出来后，拖着两大箱行李，一辆出租车都装不下，历尽千辛万苦入住租来的房子。这里的位置还不错，出门就是商场，也是为了更方便逛街才选了这里。

从此步入了宅居生活，从一个渴望交际的人变成了一个宅女，这也是她没有料到的。

大概就这么在家写了一个月，她的文档里连10万字都没有。每天几乎是在床上度过的——吃零食、玩手机、刷剧、看电影、跟群里的姐们儿聊天。

每天主动找各种理由不写稿，能在早上赖床和起来洗漱写稿之间纠结3个小时，眼看就到中午了，这才穿好衣服，头不梳、脸不洗地下楼买饭吃。

她说，那个时候如果不饿的话肯定不会从床上下来。

当初幻想着自己租个一居的房子，每天给自己做饭吃的美好愿望只实现了一半——租了个一居的房子。

吃完中午饭，Q姑娘告诉自己又该午睡了，于是，把笔记本一合，再次回到她温暖柔软的床上。

简直是懒癌晚期。

某一天，当Q姑娘收到好友Sasa的邀约出去逛街的时候，兴奋地梳妆打扮去迎接外面的世界，站在镜子面前才发现自己胖了整整一圈。

那一瞬间，她觉得天都塌了。她曾经纵情享受的生活，如今把自己变成了一个宅胖子。

当她满脸不高兴地出门后，在步行街走着，一个苗条的小姑娘把一张卡片递给她，说这是他们店最新的瘦身项目，有营养餐以及有氧运动，让她一定试一试，效果特别好。

她看了那个小姑娘一会儿，不说话。小姑娘还在喋喋不休地给她推销着。

于是她拿了卡，说了声谢谢，尽快结束这场灾难。

跟小姐妹逛街的时候，她试着商场里的各种漂亮衣服，而她已经穿不下了。

回去的路上经过药店，她都没勇气到门口的称上称一称。

Q姑娘想，自己不能再这样下去了，一定要想办法克服懒癌。既然自己克服比较难，那就去找个工作，用公司的体制来约束自己。

就这样，Q姑娘凭着自己的文字功底找了一份工作。

奇怪的是，整个办公室里，没有一个姑娘不是苗条的，甚至就连公司的男摄影师都瘦得让女人嫉妒。

刚毕业的Q姑娘，由于没有存钱的概念，每一次稿费都让她挥霍殆尽，所以连健身卡都办不起。

她在知乎、豆瓣等网站关注了很多关于健身、饮食的话题和小组，在网上花30钱买了一块瑜伽垫，开始了她的减肥健身之路。

自从上班加健身后，Q姑娘的懒癌得到了缓解，她的体重虽然没有恢复到从前，但是也已经减轻了许多。最起码，走在街上不会再有人给她发瘦身的小广告了。

稿子依旧照写不误，时间被工作占用了大部分，但真要是挤挤还是有的。

她说，之前一天天这么混过去，自己也没有自制力，甚至看着自己一天天胖起来，衣服一天天紧起来，总想着找个稍微宽松点的穿，导致后来越来越糟糕。

可是当她开始正视这些缺点，开始行动的时候，她发现自己不仅减下了不少体重，连自制力都变得好了许多。

很多"不好"都是我们自身带来的，任由它们放肆就会被它们吞噬。接着，烦恼、焦躁、不开心、失望等情绪会接踵而来。

我们都不想自己的生活变得一团糟，都不想走在大街上连一个平庸的普通人都不是，那么就该好好地正视这件事情，正视自己所有的不完美。

高中的时候，我地理很差。那时的地理在我眼里是有些偏理的学科，而且，对于某些文字看两三遍就记住的我来说，学习地理简直要比之前费事太多太多。更何况每道题还要分析什么气候、纬度、地形，有时候考一个地方的特点只给出了一个经纬度，你需要结合经纬度分析出这个地方是哪里，才能算出一系列的数据。

我觉得太费劲，老师让背地图，我画了几遍觉得明显没有文字好记嘛，都是这个相对位置、那个什么特点之类的，而且开始的时候大家也不会出现什么特别大的差距。我记起来很费劲，所以就不记。

因为不记，所以在学习新知识时，由于之前的知识不牢固，新知识便不好吸收，越不好吸收，越不容易记住，我就越不想记。

地理成绩开始一点点变得不好，但是由于某些文字类的题我还是能答好的，所以我就一直这样往后拖。遇到这种原因错的题听听别人讲解似是而非地懂了，也不重视。

直到有一次，我们午休的时候做地理检测题，老师只出了10道选择题，这10道选择题都要分析地图、地形，或者通过图去判断是哪里。

我费了很大力气才做完，在班里最后一个交上去。

最后的结果是10道题全错。

地理老师把每个人的成绩贴在了前面的墙上。就算是不及格，大家都是名字后面至少也写了个分数，而我的名字后面写着0，在0的下面还画了一横。

我红着脸看完了成绩，把这张试卷藏在了所有没有改的试卷的最下面，每次路过成绩表的时候都快速地逃离，生怕有人意识到我考了0分。

我一个星期都不敢拿出这份试卷来看，老师在课堂上说这份试卷很简单，数据都是分析出来的，大家都做得不错，便不再订正。

我犹豫了一个星期该怎么办，是从头把丢了的东西补回来，还是这样持续下去。这也许是次偶然，我才得0分的。可是，如果下次还有这样一份试卷，我会不会还是0分呢？

后来，我咬咬牙，趁没人注意的时候，拿着试卷去找地理老师，和老师说："我这份题得了0分，您帮我分析一下我都是哪块知识的欠缺，我去把基础一一补回来。"

再后来，我买了些试题，一边补着基础，一边每天中午占用地理老师的午休时间去做额外相似的习题巩固这些知识，直到又一次比较难的测验，我竟然全部做对了。

原来的弱项成了自己的加分项。

当我们意识到自己的脾气很差，遇见一点小事便发火的时候，下意识控制脾气，这便是好脾气的开始。

当我们正视自己越来越胖的体形，准备好好减肥的时候，它便成了我们好身材的开始。

当我们正视自己的胆怯，一点点锻炼自己克服胆怯的时候，它便成了我们勇敢的开始。

重要的是，你敢于正视自己的"不好"，敢于去改正它，敢于一点点突破自我并战胜它。

所有人面对"不好"的时候都会想要逃避，这是下意识的表现，因为逃避比面对要容易许多，而越是逃避，就会产生越来越多的"不好"。

正视缺点，克服自己的"不好"这件事，越早开始越好。

都说姑娘该有品质生活，
可你并不知品质生活是什么
▷▷▶

朋友圈里有个人，几乎我每次打开微信的时候都能看到她在晒，自拍、男朋友、去的哪里、吃的什么、买的东西、看的什么电影、跟闺蜜在一起干吗干吗，就跟每天直播自己生活似的。

终于有一天无可避免地在街上遇到她。

她拉着我叙旧了好久，让我陪她逛街，见她是一个人，我便陪她逛了一会儿街。

她冲进一家 G 字母开头的名牌包店里，拿起一款包拎在手里，把她的手机递给我让我给她拍张照。

然后她放下那款包，恋恋不舍地离开，一路上跟我喋喋不休地讲述了她对那款包的感情，最后信誓旦旦地说一定要把那款包买到手。

回家的路上我打开手机看了一眼朋友圈，果不其然，她发了我给她拍的那张照片，配的文字是：这包漂亮吧，跟我一样美，谢谢亲爱的。

字里行间表达的跟那款包已经买到她手似的。

我看出了她的小心思。

通过采访还认识一个开咖啡馆的姑娘，我私底下见过她有很多正品的东西，但从未见她发朋友圈炫耀过，即使那些东西就是她的。

咖啡姑娘很文艺，家境不错、单身，很热爱生活。采访了解到她20—24岁一直在旅行，在去年24岁的时候，开了这个咖啡馆。我问她当初为什么想要开这个咖啡馆，她是这样回答的："兴趣吧，我本身喜欢享受生活，煮煮咖啡、做做甜点、看看书、写写字（她写过很多游记）、跟顾客们聊聊天……"

当初我的第一感觉是——富家女。不过在采访的过程中我了解到她旅行的钱都是自己赚来的，目的地的选择都是由着性子来。每到一个地方身上的钱快花光的时候她就留下来打工，一段时间后，攒够了钱继续上路。

当时听她讲述的时候很佩服，她做过的工作很多，刷盘子、拍照、写稿、设计图、在餐厅弹琴等等。

唯一的遗憾是她至今还没有毕业，由于没怎么在学校上课，毕业设计没能完成，拿了个肄业证。

她开这家咖啡馆是跟几个朋友一起凑的钱，她出的钱少，是版税攒下的，但是她旅行的时候学会了做咖啡的技术，算是技术股吧。

跟咖啡姑娘聊天的过程中，发现她的知识面很宽，不知不觉便聊了很长时间。

之后的某天，朋友圈的晒姑娘又找我聊天，觉得周末太无聊，跟我抱怨她的室友太没情调，每次约着喝个小酒也不想去，只想着挣钱、攒钱和不花钱的消费。

我说已经不沾酒很久了，你约我喝小酒我也不去。

她说茶也可以喝，酒也可以喝，甚至爬山、健身、游泳、香道都可以接受，唯独不想在家里宅着。

我想了想，爬山、健身、游泳我都不想去，便和她说道，最近还真认识了个有意思的姑娘，那就一起出来喝杯咖啡吧。

晒姑娘一拍即合，飞奔来见我。

见面后我发现她胳膊上挎了那款她试背过很多次的 G 字母开头的包。她告诉我她换了个男朋友，这包就是男朋友送她的，开玩笑地说，从此过上了上流社会的生活。

到了咖啡姑娘的咖啡馆，她调好了咖啡等着我们。

聊天的过程中咖啡姑娘拿出钱包来找里面的照片，晒姑娘看到长款的钱包跟自己的包是同一个牌子，还着重注意了一下 logo。

当时晒姑娘提出质疑，说咖啡姑娘钱包是假的吧，这个 logo 怎么还花花绿绿的呢？红配绿，真土气。

咖啡姑娘也不生气，耐心地跟晒姑娘讲了一下这个双字母 G 和红色与绿色组合的 logo 是最早的经典设计，还简单地说了些里面的故事。

后来从咖啡馆出来之后，晒姑娘和我说，你以后认识了这么有意思的姑娘一定要带我去认识认识，学些皮毛的东西发到朋友圈，提升自己的水准。

我说："你就没有想过好好地了解一下你的爱好，并深入研究一下你的爱好吗？"

晒姑娘抬起头反问我："为什么要深入研究？我哪有时间深入研究啊……"

我想了想，竟不知该说些什么。

在朋友圈里晒文化越来越流行的时候，似乎大家都在急于表现自己。

其实，参加什么活动，或者只是粗略地说说自己爱某些项目，都是些虚把式。

就像一个人标榜自己从小爱读书，自己家的书柜里摆满了书，当问她都读过些什么书和喜欢什么书的时候，除了校园恋爱就是言情巨作。

一个人标榜着自己爱电影的时候，连导演都分不清。一个人喜欢喝咖啡，提起来就是"星冰乐"，这难免有些让人难以理解。

精致与格调这件事情，其实你还需要做很多。

背好包不一定是精致生活，买奢侈的化妆品也不一定是精致生活，交往一个有钱的男朋友更不是精致生活。

精致生活并不是靠外在的东西来显现价值的，而是靠你的修养和你自身的价值。

你购买奢侈一点的护肤品的目的在于护肤，你知道自己的肤质，你不盲目地迷恋某种产品。你购买奢侈品在于你被它的某项特质所吸引，而那些有着精致生活的姑娘，从不被外在的东西所奴役。

一个人，你每一次见她，她的指甲都是干净的，她的身上没有一处你觉得不妥当的地方，这才是对自己的精致。

一个人，知道用 60 度的水与 30 度的水煮蛋有何不同，我倒是觉得比自我标榜着喜欢美食就是每次去环境好的餐厅拍个照这样要好太多。

写饿了，深夜想吃板面，奈何要控制自己，洗洗睡了。大概就是这样，希望我们都可以控制自我，内外兼修，过上真正的品质生活。

第 三 章

/ 人生所有的开始
都恰逢其时 /

你想得到的，只要你配得上，上天终究会给你，而你需要
做的就是，让自己配得上世间最好的一切。

你要相信，世间所有的美好，你都值得拥有。

如果不小心在追求幸福的路上出了岔子，只要你决定开始，
一切就恰逢其时。

不要因为害怕失败就不去尝试
▷ ▷ ▶

你刚到一家公司入职，很多东西需要重新学习，跟你一起入职的还有几个新人。上司手里有个案子，问道，谁可以做？谁擅长？谁有把握做得好？

你心虚了，你刚入职，还没有做过案子，不敢写，你怕做砸了，从此上司看不上你。于是你没有开口，跟你同时入职的一个新人接了。

过了3天，新人把案子做出来，交给老板。上司拿着案子在会上说问题，案子的框架都不对啊，没有重点没有亮点，都是一些车轱辘话，语言不煽动，还有抄袭的痕迹。于是你在底下窃喜，新人被骂了个狗血淋头。

某天，又有一个案子，上司直接找到那个新人让她去做，而不是你。你有点担忧又有点庆幸，担忧上司经过身边看都没看自己一眼，甚至这个案子的归属都没有自己的份儿；庆幸的是不会把案子做砸，不会当着全公司职员的面被骂。

新人的案子做好后，老板再次组织开会讨论。这次新人的案子进步很大，虽然错误和缺点还是有很多，但是受到了上司的肯定和同事们的鼓舞。作为看客的你后悔了，为什么当初不敢接案子呢？

后来只要有了新案子，老板都会直接交给那个新人去做。新人做得越来越出色，还靠着这些出色的策划案拿下过不少大客户，给公司赚了几笔大钱，新人也拿到了不菲的提成。

那位新人已不再是新人，而你仍旧是那个胆怯不敢接案子的新人。跟你一同入职的同事们无论是能力还是薪水，都已经上升了好几个层次，而你还在原地踏步。

只因你害怕、胆怯，怕做不好，怕搞砸，怕失败。所以当机会摆在你面前的时候你都不敢去把握。

这些我也经历过，所以我知道，迈出胆怯的第一步是相当困难的。

但是不能因为困难就不去迈出第一步。

因为你不迈出第一步，你永远不知道自己有多少可能。

某天，一个姑娘在QQ上问我说："有个很大的图书公司在招策划编辑，我想去又不敢去，你说我去不去？"

说完之后，她将这家公司的招聘信息发了过来，我看了一眼说道："去啊，为什么不去？"

她说："因为害怕自己应聘不上。"

我说："应聘不上就回来做自己的工作呗，和现在一样，除了多了一次应聘机会，近距离接触一下你想要接触的行业，能有什么损失吗？"

她想了想，决定去试着做个简历投一下。

这个姑娘之前做了 3 年的 HR，大学也是学的人力资源管理，与图书策划没有半点关系。她 3 年的时间里一直在纠结要不要去做自己喜欢的工作，所有人都劝她，甚至家人都为她想要辞职的想法和她深谈、吵架、闹矛盾，纠结了很久，最终她还是辞职了。

因为姑娘很孝顺，不想离开家里，而自己所在的城市出版社寥寥无几，杂志社更是少得可怜，大多数的图书公司不是教辅就是儿童读物，她的志向是社科或者小说。几家面试下来，均以没有相关工作经验被拒绝。

她想了很久，自己要不要继续做 HR，还是去找一个与之相关的行业慢慢来，一点点由外围往里面挤。最后她凭着自己对小说的阅读量找了一份小说网站的编辑工作。

和她一起的同事之前都是写手，而她只是个读者，主编并不看好她。她几乎用了整整一年的时间才把这份工作做得得心应手。

中间的过程，她不间断地关注着出版圈的动态，关注一切当地与图书策划有关的工作，在机缘巧合下帮助在别处做图书策划工作的朋友筛选整理稿件，出了合集。

在我劝她投简历之后，她第二日又过来找我，和我说，自己还是担心，毕竟自己没有这方面的经验，还在考虑要不要投简历。我继续说，试一试，只要你想做，就一定要去试一试。

我帮她做了一个简单的分析：她所在的城市不是文化重地，所以从事相关工作的人很少，能够有相关工作经验的人更少，在这样缩小竞争力的范围内，你有部分经验。且不说你有相关经验、有很大的胜算率，即使没有，如果能去面试，不管成功与否，也会知道自己欠缺在哪里。你不要把它当成一次必须成功的机会，它只是你通往自己目的地的一次历练而已。

聊完之后，她投了简历，之后经历了层层面试，她没有再和我聊过，有一天忽然和我说，有消息了，她可以去上班了！

其实，每个人面对某些新的挑战时都会害怕，这个害怕并不是因为事件本身，而是因为结果未知，害怕失败，害怕失败之后的自我否定与怀疑。

但是，更该清楚的是，如果不去尝试，就会永远止步不前，就永远少一种可能。

勇敢地向前迈一步，与成功无关。因为即使你勇敢迈出一步，得到了你预想的结果，这也不能算是成功的表现，它只是成为了你迈向成功的一步，至少你渐渐走在了成功的路上。但是，如果连这一步都不肯迈出，你连上路的资格都没有。

最浅显的道理，要走向远方，先走好脚下的路，而走好脚下的路的第一步，就是迈出脚。

你想工作得到锻炼与发展，你想拓展自己新的空间，你想发展你的爱好，你想成为更好的自己，且不说有很多人连这样的机会都没有，而你有了这样的机会，却因为胆怯与顾忌而放弃机会。

这样想来，是不是挺可悲的？

不要因为害怕就放弃追逐，因为这样的话，你永远不知道你还有另外的可能。

每次听到有些人在我面前吹嘘，我当年有怎样的机会，而我没有怎样怎样，如果我怎样怎样了，我现在肯定怎样怎样之类，我都只能微笑点点头。

你当年既然都因为顾忌害怕而没怎样怎样了，你现在假设这么多可能还有什么用啊！

人生所有的开始都恰逢其时

◀◁◁

貌似大家谈起剩女的时候，都容易以一副可怜的口吻来说，甚至有些人会理所当然地给她们扣上"没人要"的帽子。

为什么年龄大的女人就成了人们眼中的一副可怜模样，而年龄大的男人却习惯性地被看成一枝花？

其实，年龄大这件事对男女的作用都该是差不多的。如果一个男人没有本事也该早点成家立业，反正 30 岁之后你也成不了大叔，只能是师傅。

那么在这样一个似乎大家都该出名要趁早、早起的鸟儿有虫吃、赶早不赶晚的背景下，一不小心踏上 30 岁这个坎，忽然走在幸福的半路上，路没了，应该怎么办？

30 岁重新开始一切，其实也不晚。关键是，你是不是能够开始。

跟老莫算是老相识了，说实话她长得不算漂亮，是那种扔在人堆里找不出来的那种。在学校学习也不出众，从小到大属于骨灰级的透明。

中学以后，她身边的人都开始了初恋或者不成熟的男女关系，老莫陷入了苦恼的青春期，因为她明白不会有一个男生追她。也确实没有男生追她。

老莫开始努力学习，既然做不了人见人爱的靓女，就做一个老师喜欢的好学生。

无奈，老莫也不是学习的料，前 10 名是进不去了。

一路到大学，单身的姑娘们都成为了稀有动物，老莫就是其中一个。

老莫说她有自知之明，于是，别人谈了 4 年的恋爱，她拿了 4 年的奖学金。毕业后老莫忽然间明白了一个道理，没有丑女人，只有懒女人——不能靠脸吃饭，那就首先要有一个前凸后翘的好身材。

上班后的老莫开始控制饮食，每天强迫自己去健身房。3 个月后我再见她，简直就是换了个人，那身材让人嫉妒到牙痒痒，就连女人看了都忍不住刻进眼里。

就是别看脸，因为此时的老莫还没有学会化妆。

又过了半年，她学会了各种各样的花式妆容，加上自己的好身材，搭配一身洋气的衣服，她不是美女，那谁还是美女？

老莫开始有人追了，不是一两个而是成群结队，除了她公司的小伙子们，还有楼上楼下甚至隔壁写字楼的大好青年。

可是老莫说她不打算谈恋爱，她下一步的目标是赚钱。

我不解地问她："那你辛苦了这么长时间岂不是白费了？"

老莫笑着说："当然没有，还都在计划中。"

我猜老莫不恋爱的原因是她胆怯，没有自信，没有安全感。

至于女人的安全感，女人都说不清楚。我们只知道，我们要安全感。

老莫的安全感有一部分应该是来自金钱，因为金钱安安静静躺在钱包里，可以任由自己支配。

工作 3 年后，老莫从一家装饰公司的小助理做成了高级总监，买了车买了房，人也更加有魅力。她花费了整整 4 年的时间把自己变得足够优秀。此时她已经 28 岁了。

恋爱不晚，可是初恋晚了点。

老莫的初恋是一个正儿八经的小白领，白白净净，从小优等生，是老莫楼下策划公司的职员。某天中午，大家都去吃饭了，老莫自己带的饭在办公室吃，小白领先生公司的饮水机没水了，于是到楼上借水。

小白领先生一上去闻到一股香喷喷的饭味，循着过去。

很生硬的开场白："是你自己做饭吗？"

老莫说："是。"

小白领先生说："真香。"

老莫说："你吃饭了吗？要不要来点？"

小白领先生说："没吃，可以吗？"

老莫说："可以。"

俩人便认识了，之后过了很长一段时间，虽然表白的开场白也很生硬，不过此时老莫和小白领先生已经很熟悉了，所以恋爱也是水到渠成。

在老莫 29 岁的时候，俩人结婚了。

我祝福般地调侃她，"你够牛的啊，不谈恋爱则已，一谈就签合同了。"

好景不长，在老莫 30 岁的时候她离婚了。

她虽然学会了如何变优秀，却还没来得及学会如何恋爱。我找到老莫，想安慰她，见面后发现她一点阴郁也没有，依旧很开朗。她说她以为自己变得足够优秀了，下定决心离婚的时候才发现自己很差劲，原来跟形形色色的人相处融洽并不难，难的是如何常年如一日跟一个人相处。

离婚后，她对爱情更加地彻悟。那天她挽着一个比她小 3 岁的男人参加我们的聚会。我惊呆了，老莫却说 30 岁谈恋爱跟 20 岁有什么区别？谈一个 30 岁的跟谈一个 20 岁的有什么区别？合适就好。她拍拍我的手背，让我别担心。

老莫比我大 5 岁，我没什么好担心的。

我曾经无数次地担忧，关于女人的年龄，我发现有一群女人是不怕的，就是老莫那一群女人。

只要你足够优秀，没有什么可怕的，照旧穿漂亮的衣服，有范儿、时尚，就算是衣服本身不漂亮，穿在你的身上也会显得特别有气质。

气质这种东西，就是把别人驾驭不了的衣服奴化，别人化了不好看的妆你化上比别人有味儿。气质就是你本身散发出来的那股劲儿。

电影《失恋33天》中，女主角从失恋的痛苦中解脱出来花费了33天，当时，我就觉得这女的真厉害。可自从看到了老莫，离婚后更加耀眼，仿佛一点痛楚都没有，活得释然、潇洒。这比黄小仙牛多了。

原来一个女人可以这样厉害，我请教过她怎么练就的这一身金刚不坏。她说你想得到的，只要你配得上的，上天终究会给你，而你需要做的就是，让自己配得上世间最好的一切。

你要相信，世间所有的美好，你都值得拥有。

如果不小心在追求幸福的路上出了岔子，30岁重新开始，一点也不晚。

去远方还是留下来，你比谁都知道

▷ ▷ ▶

　　之前的同事问过我一个问题："我是继续留在这个城市干这份工作还是到别的城市去看看呢？"

　　我没有问她是怎么想的，而是问她想去哪个城市。

　　她跟我说了很多，比如她喜欢上海，南方城市，总觉得比北方精致，生活也精致、时尚，还能接触到最前沿的东西……也喜欢北京，首都嘛，这俩都是"国际大都市"，她一直想去，但一直不敢去。

　　她怕跟不上节奏、怕找不到工作、怕被淘汰……觉得那个城市的人都是精英，自己很差劲没技能，也许自己掌握的这点东西瞬间被大家超越……父母也在这儿啊，父母坚决不让她去太远的地方工作，害怕她受苦。她说自己不知道怎么办才好。她的顾虑很多。

　　我又问她为什么想去北京和上海。

　　她想了想说，想多学点东西，多赚点钱，同时自己也能变得更好更优秀。

　　我说这不挺好的吗？为什么不去行动呢？

然后她把上面的顾虑又跟我说了一遍。

其实去与不去答案早就在她心里了，她缺少的是信心，只需要有人推她一把，她就可以按照自己心中所想去迈动脚步。

我跟她讲了我一个北京的朋友王姑娘的故事。

我跟王姑娘是在一个书友群认识的。王姑娘出生在山西的某个县，跟同事不同的是，她很明白自己要的是什么。跟同事相同的是王姑娘也面临着同样的顾虑——怕去了"站不稳"，最后还是要回到原来的城市，加之父母的重重阻拦。

王姑娘依旧坚定着自己的想法——她要去远方，离开这座小城市。

王姑娘做了很多努力。首先她确定了自己要去的地方——北京。王姑娘觉得北京遍地是有意思的活动，那是她想要的生活。她也一直清楚她要去北京做什么，她的理想职业是做一个优秀的活动策划人。

她先是到一个专门做现场活动的公司去工作，边学边做，小到门脸开业，大到文化节，学习各种流程和细节。

一年后，她在工作中不仅锻炼了协调沟通能力，还锻炼了她的心理素质。现场出状况是常有的事儿，她总是积极想办法解决，解决不了就去虚心请教。

下班时间她会上网搜索活动与策划的资料，不管是文字的还是影像的，学习各种创意和主题。有时也会看晚会、综艺节目甚至情景剧等等。

她说灵感的源泉来自任何地方，跨行的启发很重要。

我觉得这句话说得挺对的，好多搞创作的朋友都从八竿子打不着的地方获取灵感。除此之外，王姑娘还买了一箱子与营销有关的书籍。

过了两年，她觉得自己可以了，跟父母协商，一年的时间，如果不行就回来。父母同意了。一年后王姑娘证明了自己，她的父母也为她骄傲。

同事听完王姑娘的故事后决定要去，也去北京。她主动把自己所有的顾虑都解决掉，像王姑娘一样努力提升自己，跟父母协商，北京不算远，应该可以。

我辞职的那天同事也辞职了，我送她去的车站，她跟我说有空来北京找她玩儿。

我说："一定！我要去见证一个不一样的你。"

其实我们都知道自己内心想要的是什么，只是没有勇气迈出那一步而已，因为那一步是需要付出巨大代价的，却不一定有足够的回报。

但是，当你得到你一直想要的生活，这样不值吗？

答案在你的心里。

还有一个从北京回来的朋友，他在北京做的是手机元器件销售，国内的手机像小米、联想、华为都用那个厂的元器件。经过多年奋斗，他成立了自己的公司，也挣了不少钱。

他跟女朋友在北京 8 年，俩人攒了 8 年的钱，一部分钱为回家买的房子付首付，剩下的钱用来创业。

他们回来后请客吃饭，我问他们为什么回来了，在北京混得不是挺好的吗？

他告诉我他知道自己想要什么。他跟女朋友的家乡都在这里，父母也都在这里，在北京漂了8年攒了点钱回来买个房子，结婚、创业。双方父母都在身边，有什么问题也可以相互照应。

如果在北京，俩人想要的这一切都很难实现，或者说要推迟很多年。

他也30了，该结婚了，责任嘛，就是用来承担的。现在他也积攒了一些人脉，回来创业也更容易些。他们俩商量的结果达成一致，衣锦还乡。

某晚出去吃饭，餐厅有两个现场唱歌的男生，微胖，他们唱了一首苏芮的老歌《跟着感觉走》。非常好听，歌词更棒，有一段是这样唱的：

跟着感觉走，
紧抓住梦的手。
脚步越来越轻越来越快活，
尽情挥洒自己的笑容，
爱情会在任何地方留我。
跟着感觉走，

紧抓住梦的手。

蓝天越来越近越来越温柔，

心情就像风一样自由，

突然发现一个完全不同的我。

　　正在迷茫的你，也许纠结去远方还是留下来。你可以去问别人，让他人给你一些意见或建议。

　　但是不管别人说了什么，回过头来一定要问问自己的内心，究竟是想走还是想留？因为没人比你更了解自己。

　　想去远方的，大胆地去吧，世界那么大，多看看没坏处。即使失败了，没关系，爬起来就是了。

　　想留下的，那就踏踏实实好好学习，你脚下的天地也不小。

去热爱你的理想，才会有理想生活
◀◁◁

这是两个朋友的故事。他们和我一样任性地做着自己喜欢的事。

D先生是男朋友的一个朋友，据说他很厉害，大学学了4年的化学，但是却始终怀揣电影梦，曾在学校排了一场《暗恋桃花源》的话剧，轰动一时，成为学校里的名人。毕业后自己创办了传媒公司，专注影视这一块。

做公司的同时D先生每年都会报考北京电影学院，已经连考了4年，但都名落孙山。

前一段时间我去他们公司找他，无意中看到D先生的桌子上还放着报考证，旁边是一摞从这里到北京的高铁票。

我问他，还考呢？D先生摇摇头，说那个证留个纪念，现在每次跑北京都是找资源找项目。

我看着他们公司的办公环境，文艺又有格调，真不赖。目前他们公司人手少，经常是一个人干三个人的活，制片经常去打灯、化妆师兼演戏、摄影师还能干导演的活、编剧去举杆儿……

一年的时间，能把公司做成这样已经是非常了不起了。

公司的前身是一个工作室，四五个人的样子，当时男朋友也在其中。某一天他们一拍大腿想了一个点子，要做一个快递与双11结合的微电影，经过讨论，觉得靠谱，大家开始着手准备。

男朋友用了一天时间就把剧本写完并敲定，将近30分钟的片子，从策划到成片上线前后不过7天的时间。其中包括找演员、找场地、找视频合作方以及宣传的时间。

不到一周，全网播放次数超过了500万次，腾讯弹窗竟然还给主动推了，这个收获让刚刚成形的团队颇为意外。

大家决定创办公司，可是创业终究是艰难的。

光合伙人协议，D先生就几天几夜没睡。先别说后期的项目问题，只是公司成立之初的一些规则也是修修改改长达几周。

理科生的执算是D先生身上的一个闪光点。公司成立后困难重重，开业近半年时间几乎一分钱的收益都没有，大家仍旧苦苦维持着。

在外人看来，D先生成了大家的楷模，大学毕业就创办了公司，学化学的理科生在做影视。

这一切看起来如此传奇，如此励志。背后的辛酸和眼泪，只有他们团队自己才知道。

W姑娘学煮咖啡的时候认识了同样喜欢咖啡的男朋友，之后回到了自己家这边开了一家咖啡馆。

我去她的咖啡馆，和 W 姑娘聊完天之后觉得这姑娘就该做咖啡。她能给你讲许多关于咖啡的专业知识，她店里的布置也与别处咖啡店不一样，墙上挂着的 T 恤是美国那边的一个什么咖啡的组织，还有一些国外的咖啡周边之类的，给人的感觉仿佛走进了一个超级动漫迷的家。她在给你展示她多年来收集的各种各样的手办，以及这个手办背后的故事。

她给我讲她这个店面的故事，告诉我说，是因为之前和男朋友出去玩儿的时候，两个人都喜欢咖啡，所以走到哪个地方都会喝咖啡，遇见好喝的咖啡就会发出赞叹。所以，现在的店名就是他们赞叹时候的用语。

在我加上这个姑娘微信之后，她出去玩儿了几趟，去香港时晒了很多自己在香港咖啡店喝的咖啡；去曼谷的时候，晒的是自己在曼谷咖啡店里喝的咖啡。

不出去玩儿的时候，她每天上午 10：00 开门，晚上 12：00 关门，这中间的时间都是在晒自己的咖啡、男朋友新做的甜品，以及某些与咖啡有关的事情。

她的微信引用了《小王子》里的一句话：你在你的玫瑰花身上耗费的时间使得你的玫瑰花变得如此重要。

这两个朋友的故事其实重点不大一样，D 先生做自己想做的事情，付出了比别人更多的辛苦；W 小姐则是因为爱好，自己所有的一切都被爱好所填充着。

貌似生活中有很多的例子都在告诉我们，理想是理想，生活是生活。没有人可以按照自己的方式生活，实现理想是一件很困难的事情。

　　其实，这真的是借口。

　　实现理想这件事情没有你想象的那么难，之所以感觉到难，是因为在开始的时候，你只是喜欢上了你理想中描绘的那种生活，而你却丝毫没有想过要为你的理想去做些什么。

　　所以，当出现问题的时候，你便会轻易地放弃，而后劝自己说，反正我们最后都会向生活妥协。

　　如果你能够清晰地知道自己想要做什么，并且真的去热爱你所做的事情，当你投入你的热爱时，你便能够得到你想要的生活。

　　持续的努力和持续的爱，坚持你的理想，去试试吧。相信我。

你想要什么样的生活，
就会有相应的事情要面对

▶◁◁

仍旧是两个朋友的故事，一个叫担心小姐，一个叫不怕姑娘。

如果要给我选一个最靠谱的人来帮助我的话，我一定会选择担心小姐。因为担心小姐简直就是你出门在外的第二个妈，但是这个妈很年轻，没有太多唠叨属性。

担心小姐很担心，担心到怀疑世界上的任何一切都潜藏危险而开始自我保护。她和第一个男朋友谈恋爱时，她动用了自己所有能动用的社交软件将男朋友的信息翻了个底朝天，从他的电话号码、姓名、家乡一直翻到了他所在中学的贴吧、人人网，只有你想不到的，没有她做不到的。

当我问担心小姐她这么做是为什么的时候，担心小姐说："我和他只认识了一个月就谈恋爱了，我怕他骗我。"

我说："一辆行驶的火车马上就要到站了，女孩子一直依偎在男孩子的肩膀上，但是这辆火车总会到站。他们相爱了 4 年，毕业即分手，女孩子只要一下火车，就预示着可能他们一辈子都见不到了。女孩子睁开眼睛，蹭着男孩子的肩膀不想下车。男孩子深情地握住了她的手说你就别下车了，和我回家吧。于是，女孩子陪着男孩子回了家，男孩子一下火车就将她卖给了山村里的老光棍，卖了 3000 元。"

担心小姐很疑惑地看着我，我说："这是我前几天看的一个推送给手机的笑话，你也看了这个笑话？"

担心小姐一本正经地给我解释："这完全有可能的。"

后来，我要出去旅行，担心小姐将我和同伴的电话号码抓在手里，还郑重其事地告诉我："万一你在外有什么意外，我好找你！"

担心小姐不仅担心这些看似危险重重的事情，她还忧虑着很多出现危险可能性很小的事情，一定要把一切担心的疑虑都解决好，她才能放心。

所以她没有一个人出去旅行过。

她做的每一件事情都是规划好的，按部就班，不会出意外。这其中包括他的男朋友、她的爱情，她的一切都要从一开始就考虑好有什么危险，而后防范风险。

我还有一个朋友，暂时就叫她不怕姑娘吧。这个姑娘就属于大大咧咧类型，一个人在大学的时候便去过很多地方，有些危险系数比较高的地方也去，去之前没有想过任何事情，只要手里有闲钱的时候，挤出来点时间就去了。有时候连规划都没有，跟随心情，买张车票就走了。有好几次都是晚上决定买票，凌晨的时候守在火车站。

不怕姑娘很多时候都是心血来潮去旅行，难免遇到一些尴尬的事。例如有次着急上火车，却发现手机要没电了，即使她小心翼翼地将剩余电量保存好，最后还是开不了机。开不了机就没有办法联系自己订好的民俗客栈老板，就没有办法找到要去的地方。下了火车，仍旧是凌晨，一直在车站等到天亮她才敢出车站。

不怕小姐还在旅行的时候遇到了暴乱，被警察寸步不离地看着，一直到自己要乘坐的火车来了才离开。

她说当时害怕得不行，以为就要死在异乡了。

后来担心小姐有了一个家庭，每天有很多事情需要担心，操心着柴米油盐，操心着孩子的问题，围着整个家团团转，但却乐在其中。

不怕姑娘仍旧在路上，30多岁了还没有结婚，曾经错过某些人，也有人为她心动。但是随着年龄越来越大，她越来越不想结婚了，尽管家里人一直催促她。

不怕姑娘曾在某天深夜痛哭着给我打电话，说了一宿心事，说自己一个人不容易，却仍旧在路上。

我有时候会想，到底不怕姑娘和担心小姐两个人谁的生活更幸福一些？但是她们是不同的人，她们的幸福没有可比性。

担心小姐因为担心，所以把一切事情都考虑周到；因为担心一切，所以就有了一个平常的家庭过着平常的日子。不怕姑娘因为不怕，所以一个人去了很多地方；也因为不怕，经历了危险却也收获了不一样的感受。

前段时间，有人在我的微信公众号上问我，到底要选择什么样的生活才会是好生活呢？有时候想要做一个自由自在的人，有时候又渴望俗世的温暖。

我也不知道什么样的生活才是好生活，但是我能告诉你的就是，什么样的生活都可以是好生活，想要过什么样的生活，便要面对这个生活所带来的一切。没有一种生活是不好的，也没有一种生活是容易的。

选择了这种生活方式，必然要接受这种生活方式的束缚；选择了那种生活方式，也必然有那样的考验。所有这一切都该以自己内心的需求为出发点。

你想要做一个什么样的人，你想过什么样的生活，你希望生活是什么样的状态，而你为了这样的生活又会舍弃些什么。你都该清楚。

希望我们都可以成为一个拥有独特生活的人。

自由的人是有选择的人

◀◁◁

"永远做有选择的人"。关于这句话的认识源于我上大学的时候，有个电视节目来我们学校宣讲，当时有人问坐在台下的我们："什么是自由的人？"

关于"什么是自由"这个话题其实已经被讨论烂了，包括"自由是做自己想做的事情""自由不是想做什么就做什么，而是不想做什么就不做什么""真正的自由是心自由"之类的答案，我们经常听到。

我当时并没有想到底什么是自由的人，而他告诉我们说，在他看来，"自由的人是有选择的人"。

"自由的人是有选择的人"，其实是一句特别务实的话，相对于之前说的那些太随心、太理论化，这个"有选择"则是确切而实际的。

他讲自己上班的情景，某个周五，他想着下班后去看个电影、去和朋友约会等等。然后也真的如愿下班了，自己在外面吃了个饭，约好了朋友，开车前往目的地。这时忽然接到了领导电话，让他回去加班。

看着当时的时间，已经晚上 10：00 了。他问我们："如果是你们，你们怎么做？"

我记得，他当时说，他挂了电话之后，自己在背后骂了领导半天，然后告诉朋友不能去了，回去加班了。

他说，你看这就是自由问题。他又分析了一堆拒绝领导后该如何如何，这件事自己应该怎样做，什么样的做法会有什么后果之类。

后来，我上了班，我开始对这句话有了更真切的理解。

我身边有不少朋友，我看着他们在辞职的时候犹豫着自己应该做什么。很多人不能辞职的原因是因为他们辞职了不知道该做什么，也不知道自己能做什么。

我有朋友连续加班一周，没有加班费不说，还因为加班时候被骂，和我抱怨。但是又不能辞职，因为辞职，下个月可能要饿肚子。

人们在务实的边缘游走时，会慢慢变"聪明"。这种"聪明"指的是，你在不确定接下来的日子会不会过好时，你肯定不能抛弃现在的日子，这种生活也很无奈。你想要离开的时候，你却不能任性。

其实，这个时候，真的需要提前做一些准备来让自己做一个有选择的人了。

这样，当一些紧急情况出现的时候，你会发现你有很多退路可以选择；即使没有紧急情况，你也可以有很多选择来让现在的生活充实一些。

我加了一个大家相约泡图书馆小组，这里的人大都是上班族，周末的时候大家相约泡图书馆。

群主是个有趣的姑娘，朋友圈里全是关于爵士舞的一些东西。有时候聊着天，她便说，学生来上课了，不聊了，先去教课。

后来熟了我才知道，其实她专职并不是爵士舞老师，而是在一家金融公司做策划。她之前喜欢跳舞，也学过跳舞，就一直把这个当成一个爱好和额外的经济来源。

我问她为什么要这么做，她说："如果我工作做得不开心了，我还有退路。"

也许有些人会说，其实人的每一步都是有选择的，你可以选择去，也可以选择不去；你可以选择接受，也可以选择不接受。

我所说的这个"有选择"则是可以保证你有下一步的选择，当你走了很长的路，忽然想退出来的时候不至于无所适从，不至于走投无路。

选择，也并不是所有人都有机会，或者说不是所有人都有能力去选择。一条笔直的路上，有三个人在上面走，忽然前面堵住了，从左右分出了两条路，一条水路；一条荆棘之路，里面是原始森林。

想出去的话，要么游到对岸，要么穿越原始森林。那条路无法回头。

三个人中其中一个会游泳，脱了鞋子和衣服一头扎进水里，游向了对岸。第二个人有着野外生存的本领，很自信地选择了穿越原始森林。剩下的那一个人既不会游泳也没有野外生存的本领，他唯一具备的便是脚踏实地地往前走。

什么是自由的人？有选择还不够，还要有能力，有能力去选择。

每个人的梦想都值得被尊重

◀◁◁

大概半年前，我因为听了太多没有好结局的爱情故事而导致心情压抑，于是就写了一篇文章《没有一个人可以天真地长大》。这篇文章讲了我身边朋友们的感情生活，讲她们在爱情里经历了什么，写完之后发到了我的微信公众号上，后来又贴到了豆瓣的日记里。

这篇文章一点都不光辉，也不高大上，里面所有的例子都是我身边和我一样的小人物，讲的也都是寻常感情里的事。我写的时候也没有想太多，只是想着找我咨询的读者们感情不顺，就把我身边的故事分享一下吧，却没有想到有个编辑要合集出书，便找我要了这篇文章。

编辑又问我说，还有没有其他文章，再给她一篇。我就把我曾经写过的、没有发出来的稿子整理了三篇，让她挑一篇。其中一篇写的是我一个明星的采访稿，自认为词语很华丽、描写很到位；还有一篇是写身边发生的很励志的故事；第三篇则是我前段时间去超市买东西路过夜市时候的感悟。结果编辑选了第三篇。

我仔细对比被选中的这两篇稿子，发现都是生活中的小事，都是一些小人物的喜怒哀乐，小人物的奋斗。我在想，为什么这种看起来与别人的励志相差很远的文章也会有人喜欢呢？我发现，其实是因为我们大多数人都是小人物，都在过着不太励志却努力向上的人生。

这是我第二次觉得原来我所做的这些小事、写的这些无关大梦想的细碎生活也可以有价值，而第一次则是我的编辑来找我的时候。

我在豆瓣写专栏之前，翻看别人写的文章，发现貌似豆瓣作者有很大一部分都是白富美，另外一部分人的工作显得高端大气上档次，她们遇见的人、经历的事情也都很棒。我当时就犹豫，我要不要去开这个专栏呢？我的专栏可能不会被通过，我要讲的故事也都是在一所普通大学里发生的故事，在一个普通的写字楼里发生的故事，都是寻常的爱情问题，没有豪车美酒，甚至我的浪漫和某些人的浪漫比起来也是雕虫小技。

后来我还是决定写下来。

因为我觉得，我就是一个平凡的小人物。这个世界上虽然有很多厉害的人，但是也会有很多姑娘和我一样，虽然平凡但也希望把生活过好。

结果，写完这个专栏，收到了不少豆邮，也收到了很多评价，我也被现在的编辑发现了。

编辑让我把生活感悟写下来的时候，我很不自信。

我一次次问编辑："你确定我写这种普通人的故事会有人看吗？"

编辑说："相信我！"

这是第一次正式觉得原来我所经历的这些小事也能有价值，原来像我这种小人物也可以为别人做些什么。那时自己内心已经激动澎湃到无以形容。

后来我写的时候，仍旧不断地思考我这样写行不行，我应该怎样写才能让看到的人有收获呢？

于是，我不断地把自己的经历和困惑写出来，站在现在的角度，去看曾经的问题。我把朋友们的故事都搜罗了一遍，我发现，其实没有一个评判标准去评判他们是不是优秀的人，他们的人生是不是最好的人生。他们都是寻常的人，但是当我以我的视角看他们的事情，在听他们自己述说时，我都会很感动。

虽然都是普通的事情，但是每一件事情的背后都浇灌着自己的努力，所以听起来也都会让人热泪盈眶。

我有一个朋友曾经140斤，尽管现在也没有瘦下来，只是变成了120斤。她工作很忙，上班的地方离自己家很远，下班回家都要9：00了，自己暂时也不能从微薄的工资里挤出钱来办张健身卡，于是她就每天下了班回家之后爬楼梯锻炼。每天早晨让自己想吃什么就吃什么，中午只吃菜，晚上几乎不进食。

我之前只是知道她胖，也没有想过太多，但是她给我讲她的这些经历时，我觉得她很了不起。

这个朋友的故事其实写出来一点都不励志，因为她曾经是 140 斤的胖子，现在虽然变成了 120 斤，但在别人眼里也还是胖子。倘若我把这个数字换一下，把 120 斤换成了 90 斤，那么她就励志了，她就能够让人惊叹了。

　　可是，现在当她把故事告诉我的时候，我仍旧觉得很感动。我的感动在于，还有很多人和我一样在为一件小事坚持着，即使只是一件小事。

　　大多数人看起来不怎么美丽，不怎么优秀，境遇也不怎么好，但他们的故事也有很多值得喝彩的地方。虽然没有大成就，但是每一天都在以自己的能力慢慢地突破自己，都在一点点进步，这对于自身来说，便是生命的意义。

　　不一定每个人都该去拯救世界，先把每一件小事做好，就能以自己的能力让自己的生活充实起来，那么每个人都已经是自己的英雄了。

　　也许说英雄太过理想主义，务实一点说，不用做伟大的人，只要能够让自己所做的每一件小事变得有意义就好。

哪有什么百分百幸运女孩

◀◁◁

向姑娘站在路边给我打电话，说："我出车祸了，车都翻了，刚叫人拖走。你在家没有？我就在你家附近。"

我刚听到向姑娘的故事，哦不，是事故，就吓得赶紧起床要去接她，结果她却和我说："没事，我自己能过去，我过去找你待一会儿就走了。"

她果然说到做到，用了 5 分钟来到我这儿，只喝了杯茶压压惊，就去上班了。

末了，我问她一句："咱能别去上班了吗？您都出车祸了……今天休息一天会死啊？"

她说："没事，我又没什么大碍。我今天必须去上班，我感觉我今天肯定有好事发生，你说我车都翻了，人都没事，大难不死必有后福啊！"

说完，生怕我拦着她似的，抓起自己的包就跑了。

我看着向姑娘远去的背影，各种凌乱，我终于知道为啥我俩一样大，人家的工资是我的两倍，各种顺风顺水走向人生巅峰。

她，心大加拼命，我真是自愧不如！

结果她晚上还真给我打电话说："我今天签了好几个单子，果然是鸿运当头啊！"

向姑娘一直被外人认为是百分百幸运女孩，而她也认为自己是一个幸运的姑娘。因为她进了公司之后，只用了一年的时间就升到和公司里来了两三年的员工一样的职位了。再之后，一路上升，各种团队竞赛第一名。她用了两年时间不仅实现了财务自由，还在我们这个房价不算太高的城市里买了房和车。

她觉得自己遇见的客户都很好，不仅人好，还给她介绍生意。客户在知道她单身之后，碰到合适的还给她介绍对象。

她觉得自己遇见的上司很好，在她代表分公司优秀员工参加总公司大会的时候，碰见两个励志女人并与她们一见如故，她努力提高业绩做到最优，不但老总给她一路升职，还充当着她的人生导师。

她被当地不少媒体采访，做了许多节目的嘉宾，不仅让自己在这个专业领域有了更多交流的机会，还顺便给自己的公司做了宣传，和媒体关系也非常融洽。

人生如此，简直像游戏开了挂一样！

但是，若说她的幸运，其实在我看来，都是她应得的。

与其在她所有的经历里贴一个幸运的标签，不如用她信奉的那句话来形容更贴切，那就是——越努力，越幸运。

第一年的时间，她就升了职，并且在各种团队竞赛中均取得第一名。实际上是因为她在那一年里没有参与过任何娱乐项目，也从来没有在 12：00 前睡过觉。有时在我深夜赶稿的时候，总见她的 QQ 头像亮着。

她遇见的上司很好，两个人可以成为朋友。她告诉我说，是因为她们新员工培训完出去旅行，本来去草原玩儿一趟感受一下"天苍苍，野茫茫，风吹草低见牛羊"的感觉，结果天公不作美，天气阴沉，随时都可能下雨，一车人都被影响了心情，下了车大家也不爱玩儿。

只有她和那个分公司的老总两个人玩儿得特别开心，觉得既然来了，什么天气都要玩儿得开心，心态极好。于是两个人你帮我拍照，我帮你拍照玩儿得不亦乐乎。

她当时刚来公司，根本就没有见过老总，后来听同事提起那个与她一起尽情玩耍的人竟然是分公司的老总。

从草原回来之后她就一直在跟我夸赞这个老总是个多么优秀的女人，她也要以她为榜样做一个淡定、乐观、心态好的女性。

而且她说到做到，之前心态好，之后心态更好了。

当然，好心态积累到现在，就有了这次的事件了。人没事，就开心去上班，非得相信自己大难不死必有后福这么酷炫的事。

至于媒体关系，向姑娘在工作第一年还是个小职员的时候，认识了一个刚刚入行什么都不懂的传媒公司的一个业务员，两个人一直保持联系，直至今日仍是好朋友。小业务已经在传媒圈混出了点小名堂，而向姑娘自己也很给力，时不时有媒体约访。

我开始不信，但是那一日跑去她办公室找她，刚好碰见当初的小业务带着一看年龄就不太大的编辑记者过来给她做访谈。访谈完了，她留着小姑娘们在那儿一起吃葡萄，丝毫没有嘉宾的样子。

这些葡萄据说还是她为了今天的采访特地让助理下去买的。

我当时便服了。我想，如果我是那些小姑娘，肯定也会记得这个请我吃葡萄的嘉宾，回头有机会了，多给她宣传。

而且，看她如此对待她们，我相信，她对待她的客户肯定要更加周到。

也许只通过只言片语了解向姑娘的人会觉得向姑娘是幸运的。一个人在步入工作之后，没有困难一路顺风顺水地往上升，肯定会有幸运的成分在，但是很多人却忽略了幸运的背后是什么。

在幸运的背后，是由无数的小细节堆成的，自身的努力、与人为善，所有的积累一点点量变引起质变，一次又一次的良性循环。

世界上哪有什么百分百幸运的事情，哪有百分百幸运的人。也许你会想到忽然花两块钱买个刮刮乐中了大奖是幸运，其实这不是幸运，是撞大运，而撞大运和守株待兔的概率差不多，都是只听说过，从没见过而已。

生活中那些幸运的人们，他们都在努力，都有着过人的长处和优点，都在珍惜着每一次与人相处、与世界相处的机会，让所有的机会都慢慢汇聚成了幸运。

第四章

/ 不能天生丽质，
就要天生励志 /

当你不想努力的时候，就去翻翻那些正过着你羡慕的生活的人的状态，看看哪个妹子又变漂亮了，哪个妹子在国外一边上学一边玩儿，哪个妹子又考了个什么证之类的。主动找虐一遍之后，你再照照镜子，看看银行卡的余额，上秤量个体重，就会乖乖努力去了。

吾日三省吾身，白否？富否？美否？省完之后，浑身通透，精神无比，其实这些你也可以。

她成了你羡慕的样子，你还是原来的你
▷ ▷ ▶

大约半年前，我出门去参加一个会议直播，是市里的一些很厉害的家装设计师们在一起开的一个总结会议，我见到了很早之前采访过的一个设计师。

我惊讶在那里见到她，因为参加这个会议的人都是行内翘楚，男士居多且都年纪比较大了，而 26 岁的她也出现在这里看着很是抢眼。

我开始认识她的时候，她刚升了公司的设计总监。因为是校友，采访完之后又聊了些其他的事情，才知道她入行时间也不是很长，但是成长速度却比店里一些老设计师要快得多。

她从来没有在凌晨 2：00 之前睡过觉。两年的时间里，她没有在上班时间刷过电影电视剧、浏览过任何与工作无关的网页，加班是她的家常便饭。

刚毕业时，父母给她在银行安排了一份工作，但是她却想要做

设计，花了很长时间做好父母的思想工作后辞了职，来这里做设计师助理。

那时她晚上经常睡不着觉，躺在床上反复想自己的未来，要成为一个什么样的人，要5年、10年甚至更远的时间。后来越想越兴奋就不睡了，坐到书桌前罗列着自己的职业规划。

她把5年分成一个阶段，她计划好这5年里自己应该在哪一年到达什么位置、有什么成就、什么时候依靠自己的能力买车、什么时候买房、什么时候出国深造……列好她的职业规划的时候，已经凌晨4：00。

之后她便按照自己的计划一直往前冲，开始的时候比较费劲，但是后来却一年比一年轻松。

我一年前认识她，这次在会议上再见到她时，她已经从原来的设计总监升到高级总监。

参加完会议之后她先去广州领了一个设计类的奖，而后又去了国外学习一段时间，最近公司已经给她成立了高端定制工作室。

深夜，睡不着时翻翻朋友圈，会见她分享一些设计案例，或者自己接受媒体采访的内容等。

持续努力往往是通往目标唯一的捷径，因为依照大家的努力程度，只要你比别人再多努力一点，就会跑得比别人快很多。

同样的姑娘，我身边还有一个。

大学 4 年，身边丑小鸭变白天鹅的例子很多，谢姑娘算一个。

173cm 的个子让我们这些 168cm 的姑娘羡慕到不行，但是，她穿衣服比较土。那时，总来回跑我们宿舍夸我们的穿衣搭配，后来索性出门前就先把自己选好的几件衣服带到我们宿舍来，让我们几个妹子给她选好搭配好才穿出去。与此同时，这个姑娘还开始学习护肤、化妆，以及减肥。

慢慢地她跑我们宿舍频率变少了，穿衣服也越来越有心得，反倒是经常叫我去她宿舍，她给我做美甲。再后来，我们发现她越来越美。

一年多的时间里，每天晚上都能看到她在楼道里转呼啦圈，有时候晚上回来发现她在和隔壁宿舍的姑娘们打羽毛球。

瘦了之后，她比之前漂亮了一大截，她还一直坚持练习化妆。大学毕业的时候，班里有些姑娘想学化妆，她成了她们的老师。

其实我们身边有很多类似的人，曾经和自己差不多水平，但是几年没见，却发现对方已经可以超越自己好大一截。

这些并不是偶然，不是一蹴而就的。

有些人可能每天坚持刷一部电影、做一个电视节目分析，一坚持就坚持了 4 年，所以 4 年之后他得到了某个电视台的邀请，而你没有。

有些人可能每天坚持看公开课，所以几年不见，你发现她竟然多了很多技能。

有些胖子坚持锻炼减肥变成了瘦子。

有些人在某种场合下秀了一下她的日语，你发现当年你们是一起学五十音的，而你现在还停留在五十音的阶段。

……

我们身边有太多逆袭的例子，然而这些人都不是忽然变成这样的，一定都是长期积累的结果。

当你每天都在刷无聊的网站的时候，可能有人用这个时间记住了10个单词；当你每天无所事事闲逛的时候，可能有些人用这个时间在跑步机上消耗了不少卡路里。

我们很容易发现一个人忽然就成功了，但我们也很容易忽略她成功的背后付出了什么。

当你想要抱怨、放弃，甚至觉得看不到希望时，当年和你一样的她如今已经超越你一大截时，不要羡慕嫉妒恨。想一想现在的你，是不是应该安下心来，把当下的事情做好了？

当你看着晦涩难懂的经典电影，甚至要来回地拉片看很多遍才能懂的时候，当然丢下它不看了，去看一个商业大片更容易。

当你今天记住的单词明天忘了，当然丢下单词本不看，吹着空调吃西瓜看泡沫剧更容易。

当你在跑步机上挥汗如雨，或者顶着大太阳出门去跑步的时候，当然选择在家里吃饱了美美睡一觉更容易。

在任何时候，放弃都比坚持更容易。

所以，当有人坚持做一件事情，持续努力、不放弃的时候，他就已经走在通往成功的捷径上。

这也就是为什么她已经活成你羡慕的样子，而你却没有。

你只是一直在催眠自己

◀◁◁

总遇见一种姑娘，当你跟她聊天时，她挺懂道理的，知道自己得对自己好一点啊，让自己优秀独立，该有自己的格调。可是在她们实际的生活和工作中却一直很糟糕。

她们买了一本又一本心灵鸡汤，看了一本又一本心灵自助以及情感励志，向往着过上那种品质生活，为什么还是没有什么改变？

后来我才发现，其实她们只是幻想了一种品质生活，她们只是一味地在思想上告诉自己要努力，却一直没有行动，站在原地。

之前采访碰到过一个姑娘，在采访过程中，只要我说一些女人该独立、该对自己好一些的话，她便有各种感慨，且对女人该有自己的格局、女人该不断努力之类的话深有共鸣。乍一看，你还真的觉得她是一个很努力向上的姑娘，也觉得这个姑娘应该自我管理得还不错。

谈话中，我知道这是她毕业的第 3 年，她毕业于一个普通的大学，之前也一直做有关采编或者策划类的工作，今年从毕业的城市回到了自己家所在的城市。

采访结束，我们两个人互相留了个联系方式。

她的微信朋友圈里转了很多文章，大都是常见的励志文，给人最初的感觉这一定是个积极向上的好姑娘。

后来，有几次合作采访碰到她的同事，也会在不经意间谈起这个人。同事说她在公司里每天上班除了必要的采访之外，便是看韩剧之类的，整天也没什么正事，来了3个月，领导也不提让她转正的事情。

后来我辞职了，我们两个人便没有了交集。有一天她听说我辞职的事情过来问我工资待遇这么好为什么还要辞职。她说她也想辞职呢，因为工资待遇太低了，同样是采编工作，她算上绩效才是我工资的一半。

再后来，她忽然辞职了，她说身边的人陆陆续续都走上了更好的平台，而她也想去一个更大更好的平台。

她要面试的那家企业正好我熟悉，她便过来问我情况以及要联系方式求引荐。

我只是简单给她介绍了下我了解的情况，其余的帮助没有给太多。差不多过去半年多的时间，我又遇见了她的某个同事，谈起她的近况，她同事说，她还在原来的企业，工资也没有涨，有段时间想跳槽，估计也没有跳成，便一直在原来的公司待着。

我说，看她每天上班挺努力的，有时候晚上12：00晒一张加班回家的图，有时候周末还说要出去做活动之类的。

她说，她就是那样，本来一天的工作，她偏要拖到最后。

再后来，我没有再遇见过那个姑娘，只是时常见她在朋友圈晒加班。

我不知道为什么很多人在加班的时候或者偶尔熬夜都要晒一晒，好像这样的自己会显得很努力，好像只有这个时候才感觉到自己走的每一步都如此坚实。

而且，似乎现在随随便便聊点什么，大家都要晒一晒，可她除了每天晒的那点动态或是自己转的那些鸡汤文之外，什么也没有。

她只是给自己描绘了一种向上的状态，然后就没有然后了。生活中被太多道理充斥着，但是所有的道理，却都没有认真地去执行过，更别提认真去想这些事情应该怎样去执行了。

其实催眠和口号在实际行动中都没有什么大用，充其量就是一个自己懈怠时候的方向。大家都听过很多的道理，导致大家都成了道理家，但是却很少去实践。

那些实践的人，都渐渐地脱离了原来的样子而很多人都知道怎么做，却都不去做。

乍一听，好像是懒的意思。其实，不光是懒，还有可能是愚蠢，不知道该怎么做。

想要过更好的生活，想要自己变成更好的自己，每天自我催眠要成为更好的人。然后，就没有然后了？

希望未来的你，能够告诉我各种好消息，关于你进步的好消息，关于你突破自己的好消息，关于你终于不再自我催眠而开始每天持续努力的好消息。

　　愿景如果不做，永远都是愿景。

　　不一点点挪到自己想要去的地方，只会永远在同一个地方。

　　那么"未来"这个让人充满憧憬的词，还有什么意义呢？

别人没有义务帮你成长

◀◁◁

昨天有个朋友在微信上和我说，让我给她写一个东西。

她负责一个音乐节巡演的宣传工作，除了沟通联系，其余大部分的工作依靠的是一根笔杆子。

据说她当时是因为很喜欢与音乐有关的事情，就找了一个与自己专业无关的工作。

没有任何征兆，她直接在微信上给我发来了一大段文字，密密麻麻的，看得人眼晕。她说这是一些乐队的资料，要我帮她写一个宣传文案。当时的我正在写稿，再有一个多小时就到了最后的交稿时间。

我还没得及说话，她又催促着跟我说："急要的，你帮帮我吧。"

我粗略地瞅了一眼，这么长的资料，短时间内写出一个吸睛的宣传文案来根本就是不可能的事。

我实话告诉了她，并且说自己还有稿子在赶，让她自己尽量写，或者在网上查查。

她说"好"，后面还跟了一句，"我先写着，一会儿你写完了

127

再帮我润色一下。"

一个小时后我交完稿顺手把电脑一合，再也不想打开了。突然想起她的事，便拿起手机一看有她的留言，又是一大段文字，我粗略地扫了一眼，基本上都是那些资料的堆砌，最下面她写了一句："帮我润色润色。"

这已经不是她第一次找我写东西了。

她第一次找我帮她写东西时，是她还在做设计的时候，刚接了一个私活，设计海报。海报上都要有一些精髓的宣传语，她搞不定，让我帮她。

之后也断断续续地找我帮她写过宣传页上需要的一首小诗，或者是把一大段文字改成几句优美的话之类的事。

这一次的宣传文案我果断拒绝了她。第一，当时已经深夜 1：00；第二，我真的写稿子要写吐了，想休息会儿；第三，给朋友帮忙这种事，有来有往还好，没来没往，我帮多了心里自然也就不乐意了。

我告诉她：为什么你的工作总是去麻烦别人？你既然干了这份工作，就应该掌握这种技能，你为什么总是依赖别人呢？也许你一直做不好的原因就在于此。

你想的是，自己不会做，或者嫌麻烦，于是想到有朋友有同事能做这个，你就去找他们帮你。他们能帮你一次，帮不了你一万次。难道以后你的工作都要私底下求着别人来做吗？

做设计，除了会设计外，还应该多看看广告语，毕竟海报、主视觉什么的都会用到。做宣传，除了会写文案，跟音乐相关的还得会乐评，跟电影相关的还得会影评。不然就算你想尽办法得到了这份工作，到头来只是得到了一堆麻烦。因为你做不来，所以你只好去麻烦别人。

就算老板不开除你，你也做不长久。

找到一份工作，最好是你喜欢的工作。

你去做你喜欢的工作应该是上进的啊，你做着开心，遇到难题也难不住你。如果你得到了喜欢的工作做起来很煎熬、很费劲，那一定不是你喜欢的工作，也许你只是喜欢跟这份工作相关的一些光环罢了。

如果这样的话，那你为什么还要做这份工作呢？为什么不去换一份，换一份自己能做得来的？

如果你真心喜欢，那就努力去做，一开始做得很差，慢慢地努力就一定可以做好。

有个朋友是学室内设计的，当然毕业后他并没有做这一行。他有很多做室内设计的同学，他给我讲过一个他同学的事儿。

A和B是室友，高中也是很要好的朋友，大学相约考到一起。A属于不好好学习总逃课的那种学生，B就是那种老实认真的学生。A玩耍了4年，这期间的考试作业都是求着B帮他完成的。直到毕业设计，A又求B，B这次不答应了，B说我帮你4年，这次不想帮你了。如果你真想毕业后做这一行的话，我教你用软件，还有一个月交毕业作品和答辩，你用心学肯定来得及。就算做的不好也是你自己真真实实的作品，总比买来的或者找人做的强，老师不会为难你的。

A 想了很久，问 B 肯教他吗。因为大学 4 年基本都荒废了专业课，他可是相当于重新学。B 说你肯学我就肯教。

于是，从最基本的开始，一个月的时间，在 B 的帮助下 A 做出一套很粗糙、漏洞百出的室内设计作品，渲出来的图很黑很黑，没法看。当然也丝毫没有设计理念，更没有美感可言，甚至比例都不对，椅子比桌子还要大，屋顶的孔灯比例有篮球那么大。

即使这样，老师也给了 A 同学一个及格。

毕业后 B 以优异的专业课成绩被老师推荐到一家口碑很好的公司，A 同学自己找了一家工作室类型的小公司待着，遇到图纸上、材料上的难题，A 先自己解决，解决不了再去请教 B。

一年多下来，A 已经做得很不错了，离职去 B 所在的公司应聘，最后二人成为一对很默契的搭档。

有时候遇到某些事情我都是愿意帮忙的，但是次数多了，我就会拒绝，因为我觉得这样一而再、再而三地帮下去并不是什么好事。

能够帮你第一次，能够帮你第二次，但是朋友这件事情应该是两个人互相帮助、互相进步，绝对不是一个人走路走不稳，一而再、再而三地要求别人背着走。

任何人也都不该这样想，由于自己某些事情不在行，就妄图让人代替你做这件事情。一份工作要求的基本技能你都没有，说明你本身就对不起这份工作。

　　当依赖成为习惯，说明你不是想要做某项工作，你只是想要不劳而获而已。

毕业季，为什么要选择大公司？
▷ ▷ ▶

面临毕业，每个人都焦头烂额，而我那段时间已经在公司实习一段时间了，加之工作时间自由，除了深夜赶几篇稿子，白天没事便陪着两个同学去参加面试。

第一家招聘的职位是剪辑师，公司规模不大，10 来个人，老板白手起家。此时正是公司用人之际，非常器重人才，给的工资对于应届生来说不算低。

最后老板分别和那两个同学说了同一句话："在我们这儿，每个人都是精英，一个人顶俩，牛的一个顶仨。我看好你，你也一定会成为精英，成为元老，成为见证公司崛起的人。好好想想，不是每一个人都有机会跟公司一起成长的，你见证了公司的崛起并跟公司一起成长，多牛啊。"

这意思就是，来这儿多干活多拿钱，女的当男的用，男的当牲口用。年轻人不要怕辛苦，给你们这些刚毕业的大学生一个锻炼的机会，要把握住啊。

年轻人自然听得热血沸腾。

第二家也是文化传媒类的公司，招聘的是编导。这家规模不小，部门之间分工明确，公司知名度在当地算是数一数二的了，做演艺经纪、活动、电视节目、摄制等等。

这家公司对我两个同学都挺满意的，让她们考虑，愿意选择这里的话，第二天下午2：00来复试。

回到学校后，两个人面临了选择的难题。

第一家公司小，但是待遇不错，就是累点儿，学习机会不少，还能学到很多其他的技能，可以身兼数职。

第二家公司规模大，业界数一数二，部门分工明确，做剪辑的就做剪辑、做特效的就做特效、写脚本的就写脚本，就是新人的待遇差，应届生试用期月薪不足千元。

同学A选择了第一家，她觉得刚毕业嘛，不怕辛苦多学习，而且一毕业就能拿不少钱，这在同学面前多有面子啊。

公司小有小的好处，人少，相处起来融洽，上下级关系不会太复杂，晋升机会大。

同学B选择了第二家。编导这个职业她一直挺想做的，算是一个理想，不然她也不会大学选择广播电视编导这个专业，而且这个公司更加专业，她自己想在这个技能上练就一番。公司规模大接的项目也大，能得到更好的锻炼。至于薪资嘛，刚开始没想那么多，饿不着肚子就行，只要好好做，以后一定会涨的。

于是，同学 A 去第一家公司上班了，同学 B 准备了一番去第二家公司复试。

毕业后，二人双双顺利入职。

3 个月后，同学 B 转正，同学 A 升职。同学 B 的工资加上补助与提成一个月能拿到 3000 左右了。同学 A 除了职位上调，工作内容并没有变更，依旧忙碌，工资也没什么涨幅，连起码的岗位工资都没有。

半年后，同学 A 担任了组长，剪辑的同时也做做简单的特效，写写拍摄脚本，甚至掌机拍宣传片。同学 B 还在编导这个职位上，不过最近往综艺上转了，但仍旧没有偏离本行。

年会上，同学 B 抽了一个旅行大奖，带薪旅行费用全包。同学 A 却在给别的公司剪着年会的片子。

一年半后，同学 A 辞职了，她觉得不能在这里待下去了，公司没有前途。

同学 B 被北京的一家公司挖走，不仅薪水可观，她更看重的是新公司更厉害、更专业的团队。

辞职之后的 A 同学，一边找着工作，面试的空当约我喝下午茶。坐在我对面的她看起来憔悴不已，我问她为什么忽然要辞职了，你的工资很高呢。

A 同学说，在过去的一年里，你知道我休息了多久吗？单休都没有，双休更不敢求。有一次，我异地的男朋友周日过来找我，结果赶上了特效师加班，没人去拍摄，我请假请不下来，索性男朋友也是这种工作，我就和老板说我能带着男朋友一起去吗？

老板说，正好，本来就该两个机位，你带上一个摄像机，你男朋友也带上一个。

听到这儿的时候，加之 A 同学模仿老板的神情活灵活现，我忍不住大笑。

A 同学却越说越恨，说道："这我就忍了，关键是，第二天我们出发，客户是老板的好朋友，有过几次合作，和老板一起在车上谈笑风生。我和男朋友坐在后面拿着机子。客户微笑地看着老板说："这不挺好的嘛，以后你公司再忙不过来就让他们带家属过来帮你，拍片的同时就当旅行了。"

当然吐槽归吐槽，A 同学并不会因此就和老板翻脸辞职。真正让她想要辞职的原因是，她发现自己在这个公司变成了初级全能人，初级的修图她自己修，初级的剪辑她自己剪，公司接个活动她出策划案……

然而这一切之后，她发觉自己竟然没有一项本领可以称得上专业。

因为这些她在学校就学了，而公司里只有她自己负责做这些，没有人可以让她学到新的东西。

第一份工作，是我们人生的一个转折点，是一次非常重要的选择。目光不要局限于眼前的那点薪水，未来的发展前景才该是你最关心的。

为什么说刚毕业，就算开始没有多少钱也要选择大公司？因为刚出校园的人，需要很大的学习空间，你需要将自己的某些技能展开、深化，所以该找一个能够满足你这些要求的环境。

在大公司，你自己的眼界也会变大变宽。

我们可以成长得慢，但不能不成长同时要学会把目光放得长远一点，在自己身上做好战略投资，尤其是知道自己想要什么。这样才不会被眼前的蝇头小利所牵绊。

我时常问自己，难道因为每日有固定的几粒鱼食，就再也不奋力游向大海了吗？哦，不对，这个比喻在这里是不恰当的。

在鱼缸里的鱼与井底的青蛙一样，它们因为地域的局限，从来没有见过大海的模样。

所以更谈不上要游向大海了，对吧？

5 年之后，你会过上想要的生活吗？

◀◁◁

某个凌晨，我爬起来写稿，先刷了下朋友圈。茉莉在微信里找我聊天，我们聊起彼此的近况。

我说："写稿写得不分昼夜。"

她说："我是码代码码得不分昼夜。"

我奇怪地问道："学设计还需要码代码？"

她便给我讲，自己在公司里也会有一些项目，会接触到设计的最前端，被自己的好奇心驱使，便报了个班开始学习。

茉莉说："趁着现在学习劲头大，就多学些东西。"

有一种人是你和她分别了很久，再见面的时候她都没有任何变化，而有一种人则是你和她分别了没多久，她却已经站在了另外的高度。

茉莉就是后者。

她有很多技能，会煮咖啡、会跳舞，本身大学专业又是学医，英语口语还不错，后来觉得这些事情都不适合自己长久的学习与成长，慢慢地发现自己对设计更感兴趣，便去学了设计。几个月之后，她找了一份设计工作便开始上班。

她学习的劲头很足，经常学到深夜，周末的时候也会去泡图书馆。

后来，我以为她在上班了，可她却趁着上班的空当去补脑充电了。

我很欣赏这样的姑娘，所以我和茉莉玩得很好。虽然平时联系不多，但是每一次聊起彼此的生活时，都能发现对方在成长，都有很多故事可以说，同时也都有不同的感悟可以分享。

如果按照 5 年之后的标准来说，我不一定知道 5 年后的茉莉会在哪里，但我知道，那个时候的她肯定要比现在的她还要精彩。

每个人的生活轨迹是不一样的，但是每一次对生活的选择与态度却都会决定接下来的你会往哪里去。

人们都是趋向于找与自己志趣相投的圈子，开始的时候，也许这样的差别不明显，但是慢慢地差别便会显现出来。你在哪里，遇见了什么人，以什么样的态度去对待生活，做了怎样的努力，都会决定着你下一步走向哪里。

大学时候，蹭市场营销课，老师是个很现实又风趣的人，他站在台上以极其夸张的口吻和我们说："你们看大学是什么？等你们毕业之后学校是什么？我的母校对吧？实话告诉你们，当你踏出学校的时候，你有出息了，这个学校就是你的母校；你要是没有出息，这就只是你上过的大学而已。从此，这个学校和你的关系就真的不大了。"

我不能从他字面上的话体会出他要说什么，但是我能够明白他要表达的意思就是，你该努力，成为一个有用的人。

他说的话，我到现在都记忆犹新。他说，当 5 年、10 年之后的同学聚会，大家一进来，你开着这样的车，对方开着那样的车，你的同学们年薪百万，你年薪……哦，你当时都还谈不上年薪，你一个月 3000 元。到时候都不用区分些什么，下一次的同学聚会你就会识趣地不再参加。所以，我们在同学聚会上会发现，为什么有些同学只聚过一次会。

我不知道这个老师说的对不对，因为我还没有毕业 5 年或者 10 年，我还没有迎来同学聚会聊自己这 5 年的变化，但是我知道我一直在努力着。

在他讲的那个聚会的情景预设下，我想了一万遍，如果我是 5 年后同学聚会的那个只有月薪 3000 元的人，打车去了同学聚会，我会怎样？

为了避免那时候的无力感，我需要好好地准备着每一年、每一个月、每一天。

希望你也一样。

当你不知道自己这一刻努力有没有意义的时候，这两句话希望与你们共勉："有排名的地方必有倒数""幸福也许不排名次，但成功必排名次"。

我们所追求的也许不一定是要站在多高的位置，但我们希望永远可以在前进的路上做有选择的人，而非在人生的道路上越来越无力。

下一个 5 年，我们再回来看看现在的自己。

希望我们可以用这 5 年的时间给自己一份满意的答卷。

做有选择余地的普通人

▷▷▶

讲一个很励志的姑娘，E 小姐。

我是通过采访认识她的，而且是采访过两次。第一次采访她的身份是家具设计师，第二次采访她的身份是心理咨询师。

先说第一次。杂志要做一个时尚家居的板块，负责这块的编辑做了一半临时有事，让我顶上，才有了这次的采访。

她约我在一家豆花店见面，我很好奇。一般而言，约人在饮品店见面很平常，这还是我第一次遇见两人见面聊工作喝豆花的。

我抱着对 E 小姐的极大好奇心赴约了。初次走进那家店的时候只觉得跟其他的地方很不一样，店里的摆设都很特别，包括装潢。看得出来，这是一家精心设计过的小店，就连桌子上的小摆件都设计感十足，每一桌都不重样，独特而洋气。

我当时想，这些应该都是原创作品吧。

见了 E 小姐，她直接问我，是不是约在这里很奇怪。

我笑着说还好还好。E 小姐说约在这里的原因呢，是因为这家店是她做起来的，后来转让了。

然后 E 小姐给我讲了一下她和这家店的故事。

E 小姐是学市场营销的，由于天生一副好皮囊，大学时没好好学市场营销，而是直接实践去了。她做过兼职模特，拍过影视广告，甚至有一阵心血来潮学了舞蹈和唱歌，准备做一名艺人。最后梦醒了，也毕业了。

毕业后 E 小姐一下迷茫了，自己该做些什么呢？去找份工作吧，市场营销的工作她没去尝试，因为她知道自己有多差，最基础的东西她都没有掌握。面试一圈下来，都被面试官问要不要试一试公司的前台。

于是，E 小姐打消了找工作的念头，决定自己开一家店。

她笑着跟我说，也许每一个人都想开一家咖啡馆。可是她选择了开一家豆花店。E 小姐是单亲家庭，父亲很早就过世了，E 小姐对父亲的印象仅仅是带她喝过家乡那碗难喝的豆花。

E 小姐觉得可以把豆花做成一种时尚饮品，像奶茶、卡布奇诺、焦糖玛奇朵……

考察市场、研究新配方、筹钱……，经过 E 小姐半年多的努力，终于把店给开了起来，还开在了一家中学附近。

店里的小摆件都是她凭着自己的兴趣亲手做的，每样东西只有一件，店里的装潢也是她设计的。豆花店一开张便火了，很受中学生的追捧。

他们放学后的第一件事儿就是飞奔过来买一杯神仙姐姐做的豆花饮料。

店开成之后，E 小姐在想，如果有一天店倒闭了她该怎么办？她觉得必须为自己找到第二条出路，让自己有得选。

她盯着店里自己做的各式各样的挂件和摆件，脑中灵光一闪，不如就做它们吧。

这一做就一发不可收拾，她已经不满足于做这些小东西了，她要做大家伙，第一步先把店里的桌子椅子给换掉。

豆花店稳定后，她开始学习美术基础、设计原理、制图软件、材料选择和预算以及工艺流程，感觉学的差不多后又报了培训班，找师傅带。

两年后她把店转让给了好朋友，自己找了一份家具设计师的工作，并且做得很出色。

在她身上我学到了很多，比如忧患意识。

这又让我想起离职的事，为什么有的人可以走得很潇洒，有的人离职纠结得跟世界坍塌似的。那些离职很潇洒的人，他们不用完全依靠这份工作，自己去干别的照样可以养活自己。有些人觉得现在的工作不怎么好，想走又不敢走，因为一走出去付出的代价会更大，还得去同一行不同的公司面试，都是一个圈子，圈子又很小，离职的坏影响也许会波及甚远。

采访完后互相加了个微信。不久之后我在刷朋友圈的时候，看到 E

小姐晒了一张照片，是她的心理咨询师资格证书。心里惊讶，她什么时候考了这个证书？

巧的是，杂志情感板块正好需要心理咨询师的采访，于是我又约了她，还是在那家豆花店。

采访工作中我了解到她转职的过程。

她目前并没有辞掉家具设计师的工作，她学考心理咨询师，完全是因为兴趣。她说她万一干了十几年设计师干烦了或者以后年纪大了干不动了，可以开一家心理咨询诊所打发时间，了解不同的人，跟不同的人聊天，还能有一份收入。算是给自己的又一个选择，备用的选择。

现在她除了家具设计师的工作，还会在周末的空闲时间到孤儿院做义工，给孩子们做心理疏导。

也许是她的性格，也许是她没有安全感，让她必须给自己准备一条退路，这样也未尝不好。永远上进，永远努力，永远年轻，在她的身上有太多值得学习的地方了。

那次采访结束后，我就在想，除了写稿我还能干什么？我也应该给自己多一个选择，确切地说应该是退路。当我在这条路上走不下去的时候，还有另一条康庄大道在等我。

如果真有这么一天，我可以比现在的自己更加自信了。

所以，我们应该储备至少两种技能，在我们遇到突发状况的时候不至于惊慌失措。

假使现在的你做着一份闲职，你还有另外一项技能。当你听到公司倒闭时，也许所有人都忙着找下一份工作，而你完全可以不慌不忙地从椅子上站起来，到楼下的甜品店要一份好吃的蛋糕享受一个悠闲的下午茶。不用为失去工作而焦虑，也不用为生计而发愁。

　　公司倒闭反而成了你的假期，而且你有能力让这个假期变得更长一点。

　　悠闲的午后，你可以与你的另一项技能来一场浪漫的约会。

　　永远做有选择的人，在生活面前做一个强者，不用向生活妥协，从来都不会被生活击垮。

　　在你眼里，生活永远都不是恶龙，因为你是一个生活的强者。

不能天生丽质，就要天生励志

◀◁◁

弟弟刚升大三，我便开始对他狂轰滥炸，问他将来有什么打算。

弟弟说："打算找个工作，或者自己做点事。"

我问："找工作想找个什么类型的工作？自己做点事是想创业吗？"

弟弟说："找工作到时候毕业再说，看看想做什么就做什么吧。如果都不合适，那就创业呗。"

我继续问："那你这创业就是没谱的事，还是从找工作这件事说起，你到底想做个什么类型的工作？"

弟弟说："销售。"

我问："卖房子卖车？"

弟弟说："也可以。"

我想了想弟弟的专业学的是市场营销，也许他只是对销售没有概念，他要做的可能不是销售，而是一些别的。

于是我继续引导他："你想做的是通过你策划一些方案来进行营销推广辅助活动将这个产品销售出去，还是想要做实物销售？"

弟弟说："前者。营销类的，推广不推广我就不知道了。我可烦你们这些人了，有事没事的就爱整一堆专业名词，不能通俗点吗？"

弟弟叛逆，我不和他计较，继续引导了一堆，都无用。最后我求他好好看看我给他发的几份策划案，放假的时候来我所在的城市，先投简历找个公司实习一下。他答应后，我俩才结束了当天的谈话。

在我们两个人聊天的过程中，我发现他似乎对找工作这件事满不在乎，也丝毫不着急，总觉得大家毕业了，找到一份称心如意的工作是理所当然的事。

当然，如果他学校不错、专业很棒，我也不会着急。即使专业能力一般、学校特别棒，我也不着急。关键是他上了一个不怎么样的学校还时常挂科，一副毕业欲与天公试比高的样子，这就让人着急了。

毕竟，我可是他亲姐姐。

其实我这种做法有很多人都会反对的，有人觉得，大学嘛，是后青春时代，趁着这个时间就该好好享受青春，大家都窝在宿舍里打游戏，无忧无虑地混日子才是大学该有的样子。甚至，考试挂科了，大家也总能找到安慰自己的话——没挂过科的大学是不完整的大学。没事，我挂科是为了一个完整的大学梦！

我就奇怪了，到底是从哪里编出来这么消极又自我安慰的话来欺骗自己的呢？难道，没堕过胎的爱情是不完美的，你就去堕胎？没经历过人渣的人都无法体会爱情的真谛，你就去爱情里经历个人渣？

自己不努力也就算了，还给自己找一堆借口，真是让人遗憾。

难道一个要学历没学历，要本事没本事，要什么什么不行的人，努力一些不应该吗？明明知道自己落后了，不应该努力跑几步追上来吗？

我大学还没毕业的时候就去工作了。有一天在等电梯的时候，同事问我："奇怪，你这个年龄不去旅行，不去享受大学，为什么要这么早让自己投身在工作中呢？"

我犹豫了下，心想，我是因为没钱所以不去旅行啊，我要有钱旅行，回来也不担心丢了饭碗，我才不工作呢。

我找了一个不尴尬的理由，我说："因为我想早点为未来打基础，想趁着自己能努力的时候努力几年，之后有了资本再好好享受人生。"

他对我点了点头道："真棒！我大学时候丝毫没有考虑过毕业找工作这件事情，我也没有想过好好学习这件事情，我一直在旅行。后来毕业了没有办法了，我就开始上班了。"

我礼貌地回了一句："真好啊，我也一直想旅行。"

后来我才知道，这位同事家庭条件好到他即使啃老一辈子旅行也没有关系，人家压根儿就不需要工作。估计他出来工作也就是不想落个啃老的名头。

在知乎上有这么一个问题，为什么成功学和鸡汤都会夸大努力的作用？我并没有点进去看别人的回答，但是当我看到这个问题的时候，我想的是，其实不管夸大或不夸大努力的作用，努力是大多数人能够控制的唯一因素。努力虽然不能取得超级成功，却是一切成功的基础。

其他因素大都是虚无缥缈的东西。例如聪明，并不是每个人都智商奇高，一路不用考试保到博士，之后成了什么数学家，而且聪明这种事情，后天是改变不了多少的。例如情商高这件事，看起来好像可以练习，但绝对不是只要你下定决心就可以做到的，因为这种事情讲究悟性。

努力却是一个不需要悟性的事。如果在某些方面欠缺，可以通过别的方面去弥补。如果学校不好，可以提前努力一些，笨鸟先飞嘛。

你以为什么事情都是理所当然的吗？太天真了。

对于大多数人来说，很多事情是需要靠努力获得的，而有些事情是努力也获得不了的。

努力，只是你为了让未来多一些选择的第一步而已。

它就好比杰克上泰坦尼克号的那张船票，能不能成功吸引露丝，还要看你的本事和造化。但是，如果你不努力，就连这张船票都没有，就更别提遇见露丝了。

努力的形式有很多种，路远就早点出发，笨鸟就该先飞，勤能补拙……这些都是可以努力的方向。

也许这样说出这个道理有些残酷，但是与一无所有还异想天开地走到外面，走到外面却发现无路可走比起来，这只是一个温柔的提醒。

不如，就从现在开始，好好努力为自己谋划一下吧。

不想上进，受受刺激就好了
▷ ▷ ▶

晚上整理微博的时候，顺带把一堆玩得不错的姑娘们的微博都刷了一遍，才发现有些姑娘之前优秀，许久不联系之后再看她们竟然是越发优秀了。

J姑娘，她发微博很少，只是偶尔发一下，不是在打高尔夫球，就是在喝咖啡，或者是发一两句感慨，例如，"现在竟然觉得充实，既然一件事情坚持了这么久，就永远坚持下去吧。"

如果要说J姑娘给我的印象，用一个词来形容就是"雷打不动"，她的生活简直规律到令人发指。

据J姑娘自己说，他们家都是这样的习惯，她也没法改过来。

在大学时我们所有人都睡懒觉，没事坚决不出宿舍，一看电影就是一天。J姑娘每天6：00起床收拾，6：30去吃饭，每天7：00准时回到宿舍收拾东西，8：00准时到教室，有课上课，无课自习。

中午吃饭，回到宿舍午休，下午1：30准时醒来收拾出门，有课上课，无课自习。

晚上 6：00 吃饭后回到宿舍，收拾收拾。晚上一般是上一会儿自习，之后便开始围着操场跑步或者散步。

因为我有段时间想要跑步，便跟着 J 姑娘一起，后来放弃了，她仍旧坚持着。

J 姑娘拿了 4 年奖学金，一直是班里前 3 名，保研却放弃了名额。毕业之后联系很少，最近一次是看她微博上晒自己的健身照，已经瘦成了一道闪电啦。

一般她想要做什么事情，她就会每天坚持迈一步，每一天的每一步都会迈在她为自己定的位置上。

J 姑娘从小就被家中长辈当成家族企业继承人去培养，很小的时候就被带出去和大人们一起坐在桌上谈事。她说可能第一次听不懂，第二次听不懂，后来在这个环境里听得多了就懂了。

J 姑娘毕业是不用找工作的，因为家里人已经给她规划好了一切。所以按照我当时懒人理论外加不高的思想觉悟想来，如果我不是为了考试不挂科，毕业找个好工作的话，我肯定是个每天窝在宿舍睡一天的主儿，我才不要努力学习呢。

所以有一天我和 J 姑娘溜操场的时候问她："你们家早就给你安排好了这一切，你即使不努力也什么都不缺，你为什么还要努力呢？"

她说："他们安排的是他们安排的，但是我也有我的目标。尽管我知道，我再怎么努力，毕业后还是要按照他们的安排去生活，但我还是要活出自己的姿态。"

她这段话让当时的我大为震惊，我一想这年头白富美出身好就算了，还要比我们这种女汉子努力，我们可怎么活啊。我也要好好努力一下了。

我还有一位朋友，在大学里就是那种能够淹没在人堆里的人。我也一直以为她就是这种普通人，谈着普通的恋爱，每天上自习看看书，也没有什么特别的地方。

有次我俩一起上排球课，因为我之前学过打排球，所以上课老师说的那点东西我都会。老师让练习的时候，我也不练习，趁着老师不注意，跑出去吃个饭，再去图书馆看一会儿书，估摸着老师差不多要叫我们集合了，我再偷跑回来。

有的时候时间估摸不准，回来早了，她又恰好训练完，我就和她聊会儿天。我俩有很多相同的爱好，加上我当时又高又瘦，而她是个可爱的小胖子，所以我总是想当然地以为她只是一个比我还普通的女同学。

直到有一天，我考完体育，她和我说："我请你吃个饭吧，这学期结束我就要去日本了。"

我惊讶地看着她问道："你去日本做什么？"

她说："交换学习 1 年。"

我才知道，她不是一个没有故事的人，我才是。

我俩下午一起去吃了个牛排，我听着她给我讲自己怎么申请的这个机会，这段时间一直在考日语一级，每天要自习到几点之类的话，我才记起来，当年我可是高中刚毕业就嚷嚷着想学日语的，还去网校上了一段时间的课，用一个暑假的时间才只背会五十音。

　　当初我认识她的时候，她才刚开始学五十音，还不如我呢。可如今，这差不多两年的时间，她都要去日本做交换生了，可我还维持在五十音水平……

　　这件事情对我的刺激很大，我发誓，我也得学好日语。回去之后我就把压箱底的日语教程以及当年的账号找出来，准备自学日语。

　　后来，我在学习的过程中，再次被自己的惰性打败。

　　因为这些惰性，我给自己找了个理由，那就是可能我的语言天赋不是很好，不适合学别的语言，我应该好好运用我的母语写作，写出一片天来。

　　每次我不想努力的时候，我就去翻翻她们的动态，看看哪个妹子又变漂亮了，哪个妹子在国外一边上学一边玩儿，哪个妹子又趁我几天不注意考了个什么证之类的。主动找虐一遍之后，我再照照镜子，看看银行卡的余额，上秤称个体重，就会乖乖地努力去了。

　　吾日三省吾身，白否？富否？美否？

　　省完之后，浑身通透，精神无比，工作也有劲了。

如今看来，我觉得我真的很感谢我的这些朋友们，如果不是她们用行动刺激我，给我不断奋进的动力，我想我现在可能在为明天的午餐发愁呢。也正是因为有了她们的刺激，我每天都跑在了前进的道路上。

第 五 章

/ 你有多少不好意思，
别人就有多少好意思 /

做人可以谦卑，但一定不要卑微。没有任何人值得你去放
弃独立人格的自己，说为了别人丢掉自己的，不过是不成
熟的借口。

真正完美的爱情或者友情，只会让你变得更加自信。

没有一个人可以天真地长大
▷ ▷ ▶

　　自从我开始写专栏之后，豆邮接了不少，有些人三两句问一些爱情的小技巧，有些人长篇讲述他们的爱情故事。然而最近几次接收的豆邮，姑娘们讲的爱情故事跌宕起伏，让我有点吃不消。

　　很早以前，豆瓣有个很红的帖子叫《恋君已是第七年》，讲的是一个姑娘从高中开始就与一个医生谈恋爱，医生大她 12 岁，7 年的爱情最后修成正果的故事。

　　那时候的我还没有谈过恋爱，看完这个故事之后，我心里暖了很久。我记住了里面医生经常给"我"读的那首诗，海桑的《我是你流浪过的一个地方》，我甚至将这首很美的诗读了很多遍直至背诵下来。

　　后来，我在豆瓣上又看到一个很红的帖子，叫《与我长跑 10 年的女孩就要嫁人了》，这个帖子写的满是悲凉，看到最后让人唏嘘不已。两个人够爱，男孩却没有成长起来，女孩受了很多苦，最后在家人的安排下嫁人。

　　看完这两个故事，我和朋友聊起感受，她和我说，有的人可以一辈子天真，因为有些人会先她一步长大，保护好她，而有些女生却只能自己长大。

当时，我觉得这句话特别有道理，我想如果我找到那个可以先我一步长大的人，我就可以一辈子天真下去。

后来，我找到了在我心目中的那个成熟、会照顾我、很优秀的人。再后来，我们分手，他把分手这件事都处理得很妥当，他和我说，是我太天真了，他觉得我太不现实了。

随着我慢慢长大，见到很多的人从谈恋爱到分手，也听到很多的故事，我发现其实没有一个人可以天真地长大的。那些在我们眼里保持着"天真"的女人，在她们的爱情里也经历着各种各样的问题。

我有一个朋友，从大学就一直喜欢一个男孩子，两个人从大三开始谈恋爱，大四临近毕业找工作，两个人租房子留在了这个城市。毕业6年，同居6年，男孩子都没有攒够房子首付。两个人年龄大了，必须谈婚论嫁了，于是结婚。结婚之后，继续租房子，计划着各种支出，不敢生孩子。

男孩曾经有一份很好的工作，后来他突然辞职了，在私企里做主管，每天累得不行。我问为什么要辞职。他说，工作好是好，挣得太少了。

我有一个朋友，两个人恋爱轰烈到了女方家长强烈反对的地步，但是她都要和他在一起，后来女孩怀孕，家长妥协，两个人奉子成婚。

我有一个同学，她和她男朋友关系超级好，我们曾经各种祝福。后来，我某个朋友向我打探说，她的男朋友是叫××吗？我说对，怎么了？她问，她长得好看吗？我便把照片拿给她看。过了很久，她和我说，她和那个男生偶然聚会认识，××在追她，并和她说他不爱他女朋友。

这件事情大概过了半年，××断断续续追了我这个朋友半年。再后来，仍然传来了我这个朋友和××要结婚的消息。

某宿舍有个姑娘，和男朋友从高一谈恋爱到大二分手，分手的当天就和另外一个认识一天的男生好了，各种在校园里抛头露面，旅行甜蜜。一年之后，她有次喝醉了酒，和别人说："我多么想我前男友生一场大病啊，这样我就有理由去照顾他，重新回到他的身边了。"

这些都是那些看起来甜蜜，并且修成正果的爱情。

这些姑娘都是爱情里的"赢家"，她们的爱情一直延续着，并且有了结果。但是你看，当我们这些"熟人"去看她们的爱情时，她们的爱情也都经历了各种磨难及各种不如意。

我还有个朋友，她和男朋友大一开始谈恋爱，谈到毕业。她是小县城的姑娘，男朋友长得帅，在女方的省会城市给她买了个三居室做婚房，结婚嫁娶各种礼节样样让女方父母满意。我开始以为她只是长得好看加上性格大方，后来当我遇到感情危机向她倾诉时，她给我讲了她当年如何智斗第三者，如何捍卫爱情，如何聪明地"干掉"那些爱情觊觎者的时候，我才发现，原来不光只有我的爱情充满磨难。

原来不是她天生好运气，成为人生赢家，而是她早就在一次次的"战役"中丢掉了天真，学会了聪明地守护爱情，进退有度。

记得我第一次失恋时就在想，为什么老天要让我经历这些呢？遇见不合适的人，让他把我对爱情的期许消耗掉，让他告诉我，原来这个世界根本就不是你爱他，他就爱你。时间是考验，周围的关系是考验，甚至有时候，你们的一言一行都在消磨着爱情。

但是后来，当我慢慢长大，我发现原来没有一个人是天真地长大的。

也许有些人不曾失恋，初恋即永恒，但是，她们也不是天真地长大的。她们也在爱情里焦急、担心、谋划……

其实，这些我们都曾经历过。

但是，我们都没有办法，这些都是上天安排好的成长方式。

除了熬过去，别无他法。熬着熬着，春天就来了。

20 岁以后就别对爱情矫情了吧
▷ ▷ ▶

　　有个很有意思的事，我想你们都知道，那就是只要打开社交软件，谁最近过得幸福，你可能不清楚，但是谁失恋了，你肯定清楚得很。

　　当然，还有一个很有意思的事，那些你清楚的感情不如意的人，她貌似一直感情不如意。而且似乎这些人都有一个特点，就是既不好看也不优秀，却每天矫情成公主，只求一枚白马王子。

　　某天我打开微博刷动态的时候，一条状态跳入了我的眼帘，"总有一天，我相信你会陪我走过我所有走过的路。"

　　这是我的一个熟人，我盯着这个状态看了很久才意识到，这个姑娘可能最近感情不太如意，在说给某个人听。

　　而后，我便无聊地翻进了她的微博。我发现她最近的微博转来了很多诸如此类的话，或者是自己曾经记住的网络流行的话，比如，"你要相信世界上一定有你的爱人，无论你此刻正被光芒环绕、被掌声淹没，还是你正孤独地走在寒冷的街道上被大雨淋湿；无论是飘着小雪的清晨，还是被热浪炙烤的黄昏，他一定会穿越这个世界上的汹涌人群，走向你。"这样充满着矫情而又满含希望的话，我整整翻了两页微博。

由这些微博我了解到，她的感情真不如意。

我朋友圈还有一个类似的人，之前去参加一个心理学沙龙认识的，她知道我写了不少爱情专栏，某次在微信上问我："你说一个男性朋友过生日我该送他什么礼物？"

我问："你们是什么关系？"

她说："就是异性朋友。"

我问："那你想表达些什么吗？通过这个礼物拉近你们的距离？"

她说："现在就是暧昧阶段，也谈不上暧昧，就是朋友，我对他有些好感。算了，我还是再想想要送些什么吧。"

之后的某段时间里，我发现这个姑娘白天还好，每到深夜都会狂发转来的爱情格言之类的东西，如"一个男人爱你，你便不会在爱情里费力"等类似文章。

当然再继续往下翻，就会惊奇地发现，她所有的状态大多数也是这样。

我突然觉得，为什么这些我们初高中喜欢的东西，在大家都工作这么久之后，怎么还会有人对它们迷恋不已？

当我们20岁以后，不要再对爱情这么矫情了。喜欢一个人就去追、去表白，再不济去暧昧，暗示他来追你，这些都好过在自己的世界里日复一日地刷着孤单。

你难道真的以为每天刷这些东西，让自己的空间里充斥着"我很需要一个人来爱我，为我踏雪而来，走过我所走的路，看我看过的风景，我们一起畅想未来，聊过去，将所有各自亏欠的时光补回来……"老天就会赐给你一个白马王子捧着花来吻你吗？

当然不会了。

也许你会说，这是某种隔空喊话的方式，这是某种含蓄表达爱意的方式。说真的，这也许在某些情况下是一种方式，但是大多数的姑娘在发这种状态的时候，内心肯定也已经矫情得可以拧出水来了。久而久之，她的爱情就如这些期许一般，变得永远都是期许。

在年少无知、充满幻想的年龄里，需要一些华丽与矫情来粉饰生活，但是在已经开始讲究策略的年龄里，在已经脱离幻想的年龄里，请脚踏实地去战斗。

嫌自己胖的去减肥，嫌自己穿衣太丑的去学搭配，皮肤不好的去护肤，发质不好的去养发。以爱情为动力，哪里不好改哪里，变成更好的自己，而后去靠近你想靠近的他，这远比矫情要有用得多。

现实生活中，你会发现，日复一日刷着"我相信总会有一个人为我而来"的人，大多数都是一个各方面都不太优秀的姑娘，她觉得自己矫情起来充满着淡淡的又带点忧郁的文艺气质。

擅长说一些漂亮的矫情话，也许发得多了可以骗点粉丝关注，写个文章赚点稿费，但是对于转来的段子真的用处不大。还不如每当想矫情的时候，先照照镜子是不是该敷个面膜，是不是该做个瘦腿操，是不是该喝一大杯蜂蜜水，之后再做决定。

当准备转发某些句子的时候，不如将这些句子直接发给你想要他看到的那个人吧，这样都比你每天在自己的社交软件上不停地刷要强得多，至少这个时候，他会问你，你是怎么了？为什么要给他看这个？你还能趁机和他就这篇文章聊聊人生观、爱情观，看看你们的观点合不合……

20岁以后，在爱情里就别太矫情了，多想想办法，与其求一个为你踏雪而来的白马王子，不如转身去寻找一下周围有没有这么一个有马的王子。有的话，赶紧找个机会装作毫不在意地搭个讪。

如果觉得我教的这个方法太不矜持的话，那么就在坐着的时候低头看看肚皮上的几个游泳圈，先想办法把它们卸掉吧。即使不漂亮至少也有气质一些，不然人家凭什么为你而来，你说是吧？总不能是为了让你把他的马压成骆驼吧……

有比爱情更好的事
▷ ▷ ▶

　　某天早晨看到一个朋友的状态让我心里一动，她发了一张图片，是自己做的早餐，说了一句"早安"。

　　早餐做得精致漂亮，看了图片后我的心情特别好，如果是在我不了解她的情况下，我肯定会以为她现在很有闲情逸致，日子也过得很舒服。可是我知道她现在的状况，所以这张早餐照更让我心里一动。

　　前几日才和我聊了很久，关于她失恋的事情，谈了差不多两年的恋爱，她本来以为毕业就要结婚了，但是却分了手。那时候与她聊天，她有时沉默不语，有时却若有所思，总是在和我说，她觉得自己很难再开心起来了。

　　之后的日子，我也能够感觉到她的不开心，一日一日地陷入失恋的泥淖中。

　　打开她的朋友圈，你都会觉得她现在心里肯定很难受。

　　可是今天，我看到她晒这张图的时候，我忽然心情好了很多，我感觉到她自己在慢慢地调整了。

有心思给自己做一份早餐，她此时心情应该不错。一个沉浸在自己的小悲情中的人，是无暇顾及这些的。

我找她聊，她说："我想通了，其实生活中还有很多比爱情更重要的事，爱情这事可遇不可求，也许缘分到了自然而然就成了。"

之后的几天里，都能够看到她花样百出地做饭。我知道，这个姑娘的生活即使没有了爱情也能过得不错。

还有一个朋友，今年28岁，从大学毕业之后就再也没有谈过恋爱了。有时候会让我们赶紧给她介绍一个，说不想单身了。深夜无人的时候也偶尔发一些文章，大概也是爱情里的那些事，比如"我相信势均力敌的爱人才是长久的"之类。

但是，她的生活里大多数却都与恨嫁无关。她在一个设计公司里做到了高级总监，有时候会出国学习，有时候会去别的地方参加交流。前段时间又去了台湾，晚上大概10：00多时发了一条状态：今天在台中与业界设计大师们交流学习一整天，晚上回住所又安排了一下客户的设计及施工进度，累了，晚安。

这个朋友是那种你只要有几个月没有与她见面，她就又能在事业上翻出新花样的那种人，而且生活态度好到不行。

我有时候就想，其实爱情对她来说真的是无关紧要的，尽管现在的她看起来什么都不缺，如果能再添个爱情就圆满了。

可是纵观她的生活，却发现即使没有爱情，她的生活也一样丰富多彩。

我遇见过不少姑娘，每天将自己的爱情挂在嘴边，找她聊天，三句不离男朋友，而一聊到别的事情上却什么都不行。失恋了就像失去了全世界一样，消沉很久，身边只要有个男人就会火速地投入一段新恋情中。你问她："你们为什么在一起，你喜欢他吗？"

她还会理所当然地回你一句："不喜欢寂寞。"

对于这种姑娘我总会想，她的生活肯定过得不好，一个连爱好都没有，只围绕着爱情打转的姑娘，她的爱情肯定也谈不长。

不管生活中发生多有趣的事她都发现不了，生活中有那么多有意义的事情她不去做，只是把所有的精力全投入到一些虚无缥缈的事情上。其实这样的生活真的没什么意思。

爱情也许是一件美好的事情，但是爱情绝对不是唯一美好的事情，世界上比爱情美好的事情还有很多。

之所以喜欢做饭，可以是为以后遇见了男朋友而提前练习。但是绝对不能是，我男朋友喜欢吃，所以才要努力学着做给他吃，一旦男朋友不喜欢了就觉得失去了一切。

不仅仅是做饭，还有很多的技能，都应该是这样。

能够把自己的生活料理得很好，有自己的爱好，即使没有锦上添花的爱情，依旧可以将自己所有的生活都安排妥当。这样，当爱情来的时候，才会一切都是刚刚好的状态。

否则，生活的天平仍旧是不平衡的。

还有很多比爱情好的事情，例如用尽心思学几道美食；完成很久还未完成的画作；把工作上一直没有尽力完成的事情，尽力完成一次；一个人的旅行；放空一下午只喝一杯咖啡；看一本书或看完你曾经收藏的电影。

改变自己，今天和昨天活得不一样。

其实，有很多美好的事可以一个人做，没有爱情的日子里，仍旧可以每一天过得有滋有味。当美好的爱情来临时欣然接受，淡然处之；当爱情离开时不失自我，依旧可以发现生活的美好，才该是最好的状态。

到底哪种女生更受男生欢迎？
▷ ▷ ▶

我曾经在我的专栏上写过《可爱的女生和聪明的女生，选什么？》这篇文章，大概说了在恋爱关系中女生到底是聪明一些好还是可爱一些好。后来，有读者给我发私信问我，那么男生喜欢可爱的女生多一些，还是喜欢聪明的女生多一些呢？

我便又写了一篇文章来说这件事情。

可爱和聪明这两种特质其实是不冲突的。人们总是习惯地认为可爱就是看起来萌萌的，撒娇卖萌诸如彭浩翔导演的《撒娇女人最好命》里那个蓓蓓一般，卖着萌撒着娇，伏在男人肩膀上梨花带雨道："怎么可以吃兔兔，兔兔那么可爱。"而聪明的女人则好像不屑要这些手段，就知道男人心里想什么，知性理智的似乎不适合谈情说爱。

其实不然。

如果作为一个人内在与外在的特质来说，可爱和聪明是不冲突的。例如一个人可以用可爱作为表象，实则是个聪明的姑娘。可爱不意味着无脑，这可和偶像剧里的女主角没有任何关系。

因为，你以为的可爱与男人认为的可爱不一样。毕竟，你每天被偶像剧洗着脑，而他们在游戏里杀戮。接触的可爱载体不一样，自然也就对可爱的定义不一样。

但是，可爱的女生与聪明的女生究竟哪一种会更让人喜欢呢？

这件事还是要从很多年前说起。

"长发和短发的女孩，男生更喜欢哪一个？"

我高中的时候，曾经问过隔壁桌男生喜欢长发女生还是短发女生，他答："长发。"

可是后来，我到了大学发现，班上不少短发妹子颜值不错还有男朋友，长发妹子颜值不行也没有男朋友。

原来女孩长发短发都不是重点，主要看脸。

女人不该太聪明，是吗？

我想，看过我专栏的人都知道，我曾经在初中的时候，某个男生和我说过"女人不该太聪明"这件事。后来到了大学，我们无意中又谈起这件事，他和我说，女人太聪明也没什么不好，反正会有比你更聪明的男人和你在一起。

那么女人该不该聪明呢？这个问题曾经困扰我很多年，而如今这件事，我觉得女人其实应该聪明一点。当然这种聪明是真正的聪明而不是自以为聪明。

对于男人喜欢不喜欢聪明的女人，那要看年龄阶段和成熟程度了。

一般在校园里的大多数男生喜欢可爱女生多于聪明的女生。因为大多数在校园里的男生不管多么优秀，都是局限于这个小圈子中的优秀，而但凡有些稍显优秀的男生，就会被一群女生围着。

这样的男生骨子里往往都呈现着不知天高地厚的自负，需要女生在他的生活里扮一个小女人的角色，平时打扮可爱又漂亮，遇事觉得男朋友是大英雄。男生只要随随便便说点什么，女朋友便觉得他博学；随便做点什么，女朋友便觉得他了不起。

那个时候的男生大多年轻又自我欣赏，所以，如果那个时候的女生以他为天，每天像个小女孩围着他转，永远给他掌声，这绝对就是所谓的懂他，是他喜欢的类型。

步入社会后，或者稍稍有了些经历之后的男人会更希望女人聪明还是可爱呢？确切来说，这两点兼备最好，如果不能，请聪明。

这个时候的男人和女人的关系绝对不是爱与被爱、包容与被包容、宠与被宠的关系，如果这样，他们肯定是父女，不是恋人。

两个平等的恋人在此时绝对是战友，有着革命情谊，以及需要在生活中关键时刻起到关键的作用。

两个人在社会里都面对着这样或那样的压力，一个男人需要的女人绝对不是一个撒娇卖萌的女人，也不是一个诸如《失恋33天》里只知道购物的女人。如果两个人是属于共同成长型，一起毕业，一起进入公司，一起奋斗，那么他们肯定会一起遇见奇葩上司，一起不顺。所以，这时候的女生即使不能聪明地出个主意帮他渡过难关，至少也该聪明点，识趣地走开，别添堵。

如果双方不是这样的年龄关系，而是像《失恋 33 天》里演的那样，一个女人被一个大款养着，这个男人有钱，先在社会上闯出了一番事业。他不需要女人像战友一样，在他工作出问题的时候帮他排忧解难，那么他也需要女人该卖萌的时候卖萌，该闭嘴的时候闭嘴，该一个人待着的时候一个人待着。

那么转回开始的问题，可爱的女生和聪明的女生到底应该怎么做才好呢？男生更喜欢哪一种呢？

其实这些都不太重要。

因为，没有一个女人因为某一点就可以找到一个优秀的男朋友。

大多数男人当然都会喜欢又聪明、又可爱、颜值又高、身材又好、又有品位、又爱他的女孩了。

如果他自身配不上这样的女生，他只能慢慢地退而求其次了……

反正，金碗自有金碗盖，泥碗自有泥碗盖。

从来都是平衡的。所以，修炼吧。

经济独立的爱情，才能走得更远
▷▷▶

    有这么一个小段子，从男女付费方式上便能看出两个人的关系。一对男女在商场或者餐厅，如果是男方付费，这俩人多半是情侣关系；如果是女方付费，这俩人多半是夫妻关系。

    我很欣赏小段子这种付费关系。两个人结婚了，经济共存，任何形式的买单无关于双方。

    当然，两个人谈恋爱的时候，男方主动请女士吃饭，主动送些小礼物之类，也无可厚非。

    但是有些时候，很多人把自己因为各种撒娇暗示最终成功让男士买单的行为当作炫耀，就有些说不过去了。

    我们身边有很多这样的姑娘，相信你也遇到过。一个比我小一届的学妹谈了个男朋友，二人一起去逛商场，学妹看上了一双鞋，挺贵的，通过各种小情绪、小语言暗示男方买给自己。谁也不傻，何况学妹暗示的又那么明显，男方掏钱买了，学妹很高兴。

    从商场出来俩人共进晚餐，临结束的时候男方提出来不如一起看个电影吧？学妹欣然答应。

看完电影出来已经是夜里 11：00 了，如果打车赶回学校还是能回去的，跟宿管阿姨说说好话就能进去。可男方说这么晚了不回学校了，不如到附近的酒店吧。

学妹想拒绝，委婉表达了想回去的意思。男方一下不高兴了，和学妹说："你难道觉得我不喜欢你吗？你看，你要什么，我给你买什么……"

学妹难办了，毕竟吃人嘴软，拿人手短，收了那么贵的鞋子。

最后，学妹跟男方去了酒店。

这是生活中再常见不过的了。如果学妹经济独立的话，就算没有经济独立的基础有经济独立的意识，遇到那双心仪的鞋子时想的是攒钱再过来买，或者找家里人要钱买。这时男方主动给买，学妹也会拒绝："谢谢，不用了，我喜欢的话自己会买。"

此时，但凡是一个三观正常的男性，肯定会更欣赏这位学妹了。

一个姑娘的经济独立不仅能保护自己，还能在恋爱的关系中处于对等状态。你不用以这个男人给你花钱还是不给你花钱作为他爱不爱你的标志，自然也就不用害怕如果你离开他，你的包、你的裙子、你的大餐都没有了。

那么，经济独立对一个女性来讲，究竟意味着什么？

意味着你不再委曲求全。意味着当你在商场里看上一条好看的裙子直接买单，再也不必用温柔且讨好的眼神看向身边的男朋友。

意味着你工作累了，可以直接去做个 SPA。意味你心情糟糕时可以买一张机票，去别的城市甚至别的国家散散心。

意味着，你在你们的感情里处于平等的位置。

有很多的姑娘喜欢让男朋友给自己花钱，觉得花钱的额度就代表爱自己的程度，甚至是刚刚开始谈恋爱，两个人还没有来得及谈人生、谈理想，谈是否有共同的追求，有没有在一个频道上，就已经开始撒娇卖萌求"包养"了。

再讲一个女性朋友的事。W 姑娘，从小经济条件不太好，但是 W 姑娘从小被教育各种争强好胜，家里给灌输的思想就是成为一个让人艳羡的人。家里人貌似不太了解让人艳羡的概念，于是便是传统里的有钱、豪车、步入上层社会之类。

W 姑娘选择进入上流社会生活的渠道也有偏差，她跟着同事们去 K 歌，企图认识某公子哥；她在手机上下载什么约 × 神器，企图结识某个能带她进入上流社会生活的人。

我劝过她很多次，为什么不能用正常一点的方式呢？她反问我什么是正常的方式？

我说好好工作，提升自己，当你自己足够优秀达到进入那个圈子的条件后自然而然地就会进入那个圈子了。

我的建议被她否定了，她说她的方法多快多便捷。再说，只是玩玩嘛。

后来她在某约×神器上聊了一个条件不错的男人，还专门打电话跟我炫耀。意思便是你错了，我可以用我自己的方式过上我想要的生活。

我没有说什么，让她小心一点，别被骗或者被伤害之类的。她却毫不在意。

后来，我又一次接到 W 姑娘的炫耀电话，是她跟那个男人一起出去玩儿的时候，她说你听到海浪的声音了吗？我在海边，晚上住的地方也特别漂亮，打开窗户就可以吹到海风，看到美丽的大海。

我不知道该如何回她，只是好奇地问她怎么在工作日出去玩儿。她说她请假了。不过她也想了，要是因为工作日请假的事被开除，那就开除吧，反正她现在也不喜欢那份工作。

我问她如果被开除怎么办？喝西北风吗？还是存了钱？她说没有存钱，不仅不喝西北风还吃香的喝辣的。她昨天吃了一顿海鲜顶她一个月工资。

我在电话里劝她还是有点经济基础的好，现在依靠男朋友也不是不好，但不能太依赖。自己有经济基础以防万一，万一俩人闹个什么别扭分手，自己不至于没有退路。

W 姑娘说我想多了。

后来 W 姑娘主动辞职了，也退了合租房，高高兴兴地搬进男人在市中心的公寓里。她从合租房出来的时候手里一件行李都没有，她说要跟过去的苦逼生活彻底拜拜，所有的一切都要买新的。

生活好像真的变成了她想要的样子。

大约过了一个月，我再次接到 W 姑娘的电话，这次的电话不是炫耀，而是后悔。

原来，W 姑娘跟所谓的男朋友分手了，主动分手的。W 姑娘再也忍受不了了，在一起的时间里，W 姑娘把姿态放到最低，把尊严收起来以取悦他，各种哄着，大气都不敢出。不仅如此，还得伪装得自己温柔且妩媚，变着法儿地让男朋友高兴。这个男人带着别的姑娘招摇而过的时候，W 姑娘只能当作没看见，把愤怒憋进心里，自己消化掉那种痛。

渐渐地，W 姑娘再也撑不下去了，太辛苦。起初她以为她可以为了她想要的生活吞下这种苦，让她没想到的是，这种苦比工作上、生活上的辛苦还要难挨得多。

她以为自己走上了一条捷径，最后才发现是一条荆棘之路。

决定从公寓里走出来的那一刻，W 姑娘发现没有一件东西是自己的，而之前自己拥有的那些也全都没有了。

她得重新找房子、找工作，除了身上那身好看衣服之外一分钱都没有。

不过值得庆幸的是，W 姑娘工作技能还不错，很快找到了一份工作，重新回到上班的日子。

后来交了个男朋友，不久后结了婚，两个人经济基础差不多，各自努力，共同奋斗。

最重要的一点是，W 姑娘再也不用仰人鼻息了。

远离消耗型朋友，你会活得更轻松
▷▷▶

我是一个念旧的人，所以我会尽量留着所有人的联系方式。微信、QQ 等社交软件上从来没有主动删过任何人，甚至由于记忆力好的原因，我都能清楚记得大家的电话，总想着以后说不定什么时候大家就有联系了。

但是，后来朋友圈的好多人做了代购、微商，甚至每天推广一个 App 让我扫码……

那些不熟悉却躺在通讯录里的人，大肆宣传剥削你的人，都是他们不时地窜出来给你添堵，而不是安静地在你的朋友圈里刷存在感。

前段时间，有个朋友忽然就找上我，和我说他正在帮公司推广一款 App，问我能否帮这款 App 宣传。我以为就是写写软文之类，为了养家糊口也就接了。

他说了一句，听不懂你在说什么。然后就发给我一个二维码，让我扫码，扫了之后安装。

我不上班，所以和正常上班族的作息时间不太一样，恰巧又忘记了关静音，手机消息一个接一个震醒了我。我忍住困意，本着帮忙的原则，装上软件之后告诉他，我安装好了。

他说："赶紧把这个二维码发给你身边的人，祸害身边人，让他们也安装一下。"

我当时很困又睡了过去，没有回他这句话。

醒来之后，看着一个对我没有太多用的软件，还要一个个麻烦朋友们扫码安装。我觉得自己帮他装一个充数就得了，没必要再去麻烦身边人，就没有帮他"祸害"我的朋友们。

下午的时候，他又开始找我，问我："你装了软件没有？"

我说："装了。"

他说："那你让你身边的朋友装了没有？"

我说："没有。"

他说赶紧让他们装。俨然变成他是我领导，我是他的推广专员的样子。我没有再回这条消息。

后来他又狂轰滥炸发了几条督促安装的消息，我觉得手机在那里响着太烦人，便关了 QQ 去写稿。

晚上的时候，再上 QQ，他发了许多条消息，诸如："哎，你装不在线哦……"

"哎，你躲起来干吗……"

"哎，我和你说，这个软件你 3 天之内别卸载，3 天后再卸。"

我忽然被窜进来的"指令"搅得很郁闷。

我和他并不熟，平时接触很少。大学时候一起参加过某个社团，一起出过几场活动，聚过几次餐。又因为是一个学院的，在上大课的时候，总时不时碰见而已。

他让我安装这个软件，我本着帮忙的想法支持一下，而他却似乎像给我下了硬性指标一样，让我帮他去完成任务。我觉得不太好便不再回复的时候，他反而开始指责我。我有点闹不明白了。

后来，他又发了几次消息，还是这些内容，我终于忍不住了，屏蔽了他。

这是一类扫码型朋友，这些朋友们纷纷担任起替公司运营某项 App 的大任，每天乐此不疲地发给我一些扫码、求关注微信号、点赞内容等。

从来都是他们要求我做什么，而我从来没有要求他们做过什么。

可能是我写作的原因，我还认识过一堆"怀揣写作梦，智商没断奶"的路人甲乙丙。

早些年因为职业习惯，大多数时候我还是会明白地告诉他们一些事情，但是，某些情绪超激动的玻璃心，我实在是无法承受。

某天，我在一个自媒体写作平台上的销售量蹿了一个新高度，便发了一条朋友圈。

深夜，准备睡觉的时候，因为我晒稿费的原因，一个姑娘忽然找我说："把你编辑介绍给我好吗？我也想去给她写稿。"

我回复她："我并没有专门的编辑，我只是自己在这里写稿，你点进去主页，有个申请作者之类……"大概把步骤描述了一遍，而后她说了一个"好"字，便再也没有联系我。

几天后，又是午夜12：00，我准备睡觉的时候，她又问我："你文章卖了多少钱？"我就大概估算了下，告诉她一个数。她给我回了一个："呵呵，也不是很多。"

其实，我当时收费文章几乎每一篇都登上热销榜，所以，我的成绩已经算是还不错的了。我告诉她，这个地方就是一个长期的读者积累而已。

她又问我："你写什么内容？你每篇的定位是什么？我如果去了要写些什么？你真的没有编辑吗？怎么可能？"

我被一连串的问题问得有点发蒙。同时，我又怕万一她是什么大人物，还真没必要来这里收费写文，我如果让她来反而是耽误了她。

然后我翻她资料想要了解一下的时候，发现我并不认识她。

我就问："你是谁？你之前是写什么类型的文章？这样笼统问我，我不知道应该从哪方面回答。"

她忽然就激动了："我就是一个小作者，你不用摆架子，也不用这么敏感。"

我说："不是这个意思。"

她说："你就诚实地回答我的问题就行，没必要这么敏感。"

我有点不知所措了，于是赶紧登上QQ去搜了下她的名字，发现她和我的聊天记录只有3条。

她说："你好，我是谁谁谁，你是 ×× 小说网的主编吧？"

我说："我已经离职一年多了，你联系 ×× 吧。"

便把联系方式给了她。

她说："哦。"

说实话，我还真挺敏感的。敏感到了别人说我敏感的时候，我就瞬间觉得自己是不是做错了。

所以，别人的言语评论有时候对我影响挺大的。

其实，这一类人如果算作朋友的话，用"消耗型朋友"来形容更恰当一些。你们之前没有任何互动，即使有互动也是他带着某些目的过来加你，问了问题之后就消失。

时不时出现在你的视野里时就是来向你寻求帮助，而且，你没有找他做过什么，即使有需要帮助的时候，却发现他早已不在了。

这种朋友，适合定期清理一下。消耗型朋友太多，而你又是一个傻乎乎的热心肠，就会很容易陷入不断帮助别人恶心自己的恶性循环中。

请相信我，你的消耗型朋友多了之后，你每帮助一个，你都会消耗一个正常型朋友或者互助成长型朋友。久而久之，你就成了别人眼中的"消耗型朋友"了。

珍爱生命，远离消耗型朋友。

观念不同，不代表一定有一方是错的

◀◁◁

我："你觉得优秀的人是什么样的？"

朋友："开心的人。"

我："别闹，认真点，我正找灵感呢。"

朋友："你说什么叫优秀的人？挣钱多的？有梦想的？不断坚持锻炼身体的？有强大自控能力的？"

我："……"

朋友："挣钱多的压力超大，付出也多。现代人的梦想多是实现财务自由。自控能力强的是我真正佩服的那种人，我周围基本没有。我觉得在社会上没有绝对优秀的人，能够做到自我取悦已经很了不起了。"

我："说的很不错，再多说点。"

朋友："主要是在社会上没有一个绝对意义的评判标准。上学的时候可以看成绩、看证书、看学校，毕业了真的只是看生活得怎么样了。"

我："好样的，继续说。"

朋友："而且一定是站在自己的角度看自己，任何其他人的角度都不行。所以我现在觉得能够自我取悦的人是优秀的人，哪怕就是没毅力，就是不漂亮，就是胖，就是穷，但是活得开心、活得满意。当然前提是自己可以养活自己。"

我："还有吗？"

朋友："你写书都这么找写作内容的吗？"

我："也不是，但是我喜欢接地气。"

和朋友聊完天之后，我忽然更加不明白优秀的人是什么样的了。但是后来一想，其实优秀的人是各种各样的。

我实习的第一家公司有个同事，他是我们办公室幸福感最高的人。当然，对于我这种"自立自强、追求脱离三俗的大好青年"来说，我当时真的不理解他的幸福点在哪里，现在仍旧不理解，但是我已经可以接受了。

他大学毕业差不多 3 年了，我们一起在 DM 杂志工作。这个杂志立足于收集、采访、推荐我们这个城市里有关地产、汽车等一些高端的店之类，他负责汽车，我负责吃喝玩乐。

我当时就想，大学都毕业 3 年了，没有女朋友就算了，长得丑每天跑去相亲还对姑娘挑三拣四，自我感觉良好，这也都算了。还和我一个没毕业的大学生挣一样多的钱，交上稿子之后，我都是各种被夸，他都是各种被骂。我心想，我 3 年后要这样，那真是太失败了。

我们整个办公室的小姑娘都劝他好好上班，长点心，努力上进。

这哥们儿似乎也不在乎，我们每天下了班商量着一起吃个麦当劳、吉野家，他都以太贵为由不去。

早晨骑着个自行车上班，吃了3块钱的油条喝一杯豆浆，早餐5块钱搞定。每天省吃俭用，去个稍稍环境好的地方就先自拍。

但是无论别人怎么提醒他要好好赚钱，他就是不放在心上，这边刚说完，一会儿就忘了。在办公室说着他在微博上的趣闻，他的爱好是刷微博，只要能上班刷会儿微博就开心。还把自己写的文章都放到自己的博客上，哪怕是新闻稿、企业稿之类的，还让办公室每个人都关注。

我们有时候觉得他挺神奇的，一边告诉自己不要做那样的人。但是有的时候又觉得他这样挺好的，在自己高兴的圈子里自得其乐，哪怕是中午加个鸡腿吃都要开心地晒一下。

我当时年纪小，总是觉得人一定得发光发亮，他那样的人生简直就是大写的失败。我虽然是单身，但是要我找个这样的人当男朋友，我宁愿单身一辈子。

可是后来，这个哥们儿找了个和他一样土土的但是会过日子的姑娘结婚，当宝一样供着，俩人周末去周边爬个山就已经很开心了。

慢慢地，我竟然开始有点羡慕他，觉得他活得也挺好的，虽然物质上也没啥，但是能自得其乐啊。

我还有一个朋友，现在工作挣得不是特别多，在一个创业公司每天被打鸡血。于是见我一次劝我一次，抓紧投身到伟大的上班族当中去，不要浪费了我当年的协调能力、交际能力。她劝得多了，我挺烦她的，就不想和她一块玩儿了。

她总说："我是觉得你当年在学校做什么什么，管理能力多好，不用真是可惜了，有些能力就要退化了。"

我被逼得没法了，只能不厌其烦地告诉她："不可惜，因为我写书也写得挺好的。"

然而她仍旧劝我去上班，觉得写东西太不稳定。想要让我认同她，按照她给我安排的路走。

后来我想，之前我俩玩儿得挺好的，因为这点破事断了交情也不值得，那不如就带她去看看我的日常，也许就理解我了。

于是，我就带着她去我经常写稿的咖啡馆浪费了一下午的时间。什么都没做，只是泡了壶茶、看了会儿书。

周末，我又约她出去玩儿，带她去尝了尝我最近发现的一家不错的馆子。我又给她看了看我闲着没事烤的华夫饼、煮的奶茶、养的花和做的手工以及刚开始学的国画作品。

我说，如果我去上班，我就没了生活。我每天去上班，周末一天时间用来洗衣服，我会觉得自己是一个无趣的人。

她这一次没有劝我，也理解了我。

然而我也知道，她即使觉得我现在生活不错，自己可以乐在其中，她仍旧不会过我这样的生活。因为她是那种每天只要将她扔到团队中，让她负责一个项目，她就能像永动机一样转转转，像小太阳一样发光发亮。

我前段时间看见我一个同学的签名："不能因为我们不一样，就有一个是错的。"我觉得可以恰如其分地形容我们两个人。

状态不一样，只是我们选择生活不一样而已。然而，无论我们相同还是不同，你站在你的圈子里看我，我站在我的位置上看你，我们觉得那就是你最好的状态，彼此不干涉，彼此欣赏就好。

因为毕竟你不是我，我不是你。我们两个不能因为不一样，就要决出个胜负高低，对吧？

教养，就是不给别人添麻烦
▷ ▷ ▶

　　大学的时候我到别的城市找朋友玩儿，在她宿舍里住了大概一个星期。她有课就上课，没课我们就在宿舍玩儿。

　　下课后，她会从食堂带饭回来一起吃，学校的东西很便宜，五六块钱就可以吃饱。周末她就带着我去逛各种小店。临走的时候我请她吃了顿大餐，报答她这一个星期的接待。

　　我们度过了愉快的一周。回来后大概过了两个星期吧，我接到朋友的电话，跟我抱怨她接待的另一个朋友。

　　朋友抱怨的那个人我也认识，F姑娘。

　　去之前F姑娘给朋友打电话说好无聊啊，去找你玩儿啊。

　　朋友刚接待完我觉得还不错，于是就欣然答应了："来吧，热烈欢迎。"

　　F姑娘一纸火车票就到了。

　　朋友去接站，像问我一样问她："你住宾馆还是住宿舍跟我挤挤？"

　　大家之间不成文的交往方式是这样的：朋友去你的城市找你，你就要包她的吃喝玩乐住，反之亦如此。

F姑娘说："当然是住宾馆了，宿舍多挤多热多乱啊，哪有宾馆舒服啊。"

那时候大家都是学生，谁的钱也不多。F姑娘要玩儿上一阵子，七八天的房费加起来不是一个小数目，不过朋友还是咬咬了牙带F姑娘住了宾馆。

虽说大学课少，但终究还是有的。这期间F姑娘要求朋友翘课陪她玩儿，抱着朋友的胳膊撒娇："人家好不容易来一趟，你就陪人家几天吧。"朋友不想扫F姑娘的兴致，为难地答应了。

朋友带F姑娘去吃饭，也是花着心思带她吃点好吃的，可是F姑娘都觉得店小，吵着吃大餐。那天恰巧朋友的男朋友有空也来找她玩儿，正好带上F姑娘3人一起吃了一顿好的。

F姑娘当着朋友的面夸她男朋友长得帅，甚至当面交换了电话号码，朋友的脸色一阵绿一阵白的，最后还是压住了。

更过分的一件事是，F姑娘临走的那天说这里离海边很近，想要买张火车票去看海。朋友很不想去，因为那天是她生理期第二天，最难受的时候。

F姑娘就要起了她的撒娇神技："你就陪人家去嘛，人家还没看过海呢，好不容易来找你一趟正好一起去看海，你就去嘛，人家这次出来之后下一次就不一定什么时候来了。"

朋友性子软还是答应了，忍着腹痛到附近的火车票代售点排队买票。F 姑娘还说让朋友带上她男朋友，朋友没多想就同意了，带上男朋友正好照顾自己。

在火车上，F 姑娘跟她聒噪，朋友疼得厉害一点都不想说话。F 姑娘很不高兴，就转而跟她的男朋友聊起来。

到了目的地，朋友一路实在是难受至极，自己留在酒店休息，让他们去玩儿。

F 姑娘跟她男朋友玩得别提多高兴了。

事后，朋友给我打电话讲这件事时讲着讲着哭了起来，和我说了，你之前来我也不觉得有什么问题嘛，还挺开心的。她为什么这样啊，我真是觉得情商高太重要了。

我犹豫了下告诉她，这和情商真没什么关系。

我说："你不开心为什么不拒绝她呢？"

她说："她反反复复传达着我们两个关系好才来找我玩儿的。她来找我玩儿，我不陪她不照顾她，就是对不起她。"

我说："你就更该拒绝她，好好教教她基本的交往礼貌。"

后来，据说我朋友都没有机会到 F 姑娘在的城市玩儿一玩儿。

这是一个交往礼貌问题，和情商高低无关。似乎大家普遍认为，情商高，所以和人在一起就会很舒服；情商低，但她本心是好的，就是容易办错事。久而久之这样自我安慰，也就只能够包容一下这种人了。

情商高与低，与人跟人交往时候能不能将心比心真的没有半点关系。千万不要给情商低抹黑了，情商低不是不懂事。

当然，我们身边除了这种麻烦人之外，还有诸如你文笔好，咱们是朋友，我写了个策划案帮我润色一下吧；你是做设计的，咱们是朋友，我弄了个图帮我修一下吧；哎哟，你会拍照，我不会拍照，咱们是朋友，你出来帮我拍个照吧……

更有甚者，我去做SPA，美容师听说我是写稿的，而且相谈甚欢之后，说以后她们编不出来学习体会时能不能求我帮忙写一个。

每当这个时候，我都在想，我到底什么时候认识了这么多"朋友"？求我的"朋友"，在开口之前先想想，如果换成别人找你，你会怎样？

说真的，这种所谓"朋友"其实真的称不上是朋友，因为凡是良好的关系，一定是一种和谐的、礼尚往来的、相对独立的关系。

只有在这样的关系中，我们才能够有一种愉快的感觉，才能在一起愉快地玩耍。

就像你不会找一个觉得你试穿的每一件衣服都丑的人逛街，你不会永远请一个想方设法推托买单的朋友吃饭，你不会找一个聊不到一个频道上的人聊天。

良好的关系一定是平等的，让对方感到舒心的关系，而这些最重要的一点就是，别给对方添堵。

如果你不知道什么是添堵，什么是不添堵的话，那我再说个小细节。我有个玩儿得特好的闺蜜，我和她聊微信的时候，如果我给她发语音，差不多她就是语音回我，而我要给她发文字，她刚刚在发语音，就会以文字的方式回我。

　　开始的时候，我并没有察觉到这个小细节。

　　直到有一天，我妈在我身边午睡，我不方便语音，我打字给对方发微信，而对方一直给我发语音。我需要将手机放到耳边听完，然后打字过去，看到对方给我发语音之后，我又将手机放到耳边听完，再打字过去，反复几次，胳膊酸且很麻烦，我忽然意识到，我这个闺蜜的小细节是如此让人喜欢。

　　我想，她应该也是希望被这样对待，所以才会如此对待别人的人。

　　所以，如果你不知道有没有给别人造成麻烦的时候，你可以先想一想，别人这样对你你会怎样？如此一来，大家交往起来就会轻松许多。

有些人，你真没必要不好意思

◀◁◁

朋友赵姑娘发微信过来说之前的老板想要挖她过去上班，由于老板是以朋友的身份说这事，弄得她也不知道该怎么回答。

她是那种性格很软的人，一切事情都没有什么意见，但是这次她真的不想回去，却也不想因为拒绝而和之前的老板闹僵。

老板问了好几次，但待遇条件只字不提，只是想以老员工的感情劝回去，一问他待遇，他还各种打哈哈。

赵姑娘问我该怎么办。我说："那不如就直接说清楚了吧，谈话态度要好，但是内容要说清楚。"

朋友王先生一直被某人放鸽子，很久之前他的朋友想要和他聊些事情，想要请王先生帮忙。

朋友在微信里和王先生说，不如今天见个面啊，结果聊了几句就走了。下一次又是刚从哪里回来，不如有时间聊一聊，结果偏要约到这个朋友自己家的附近，而那儿离王先生太远，要坐两个小时的公交车才能到……

　　几乎每隔两天就要被这个朋友问，可是王先生定了时间，这个人又没有时间。

　　虽然之前一直没有合作成，这个朋友一直要他的稿子，也没有给什么反馈，但是总想着毕竟是朋友，有事也要挤时间见一见。

　　王先生找我吐槽，我说："下次他约你，你也没有时间。既然被晾这么多次，为什么你不晾他一次呢？"

　　朋友邢姑娘去香港玩儿，发了一条状态，便会有一堆人让她帮忙带东西，结果好好的旅行变成了买买买，而拖着大包小包帮别人采购东西，不仅耽误了行程，大家也不觉得有什么特别感谢的，她还累得半死。这次去台湾，她发一条状态，仍旧会有一堆人让她买买买，买回来感谢的话不多说，反而先要对比一下是不是真的比大陆便宜许多。

　　邢姑娘和我说："我现在已经不敢去旅行了，要被这些人累死了，而且每次自己东西都塞不下，还很重。主要是每次给她们买东西就要耗费很久的时间，自己真的来不及游玩，她们也不会说好。"

　　我说："不如这一次就不发朋友圈了，即使发朋友圈有人让你帮忙带东西就说实在是时间赶不及。"

　　每次有朋友找我吐槽出主意的时候，我向来都专门出一些破坏"和平"的点子，而且每次破坏完不久，朋友都会给我点赞。

　　因为我清楚地知道，对待那些已经给别人造成困扰而不自知的人，你就该以同样的方式回馈他。

既然大家来找我吐槽，一般说明这个问题肯定是按照他以往的方式处理不了，但忍耐又到了极限。这种情况下，我都建议他们直言相告或者直接拒绝。

也许这样做他们担心对方会不会不开心。但是你该清楚的是，他已经三番五次惹你不开心了，如果想要拒绝，请直言相告吧。

我知道，也许你们之前维持着某种关系，在他的面前你是这样的形象，而这一次将会影响别人对你的看法。也许你之前一直是个老好人，而这一次你偏偏要拒绝别人，肯定会觉得对不起别人。然而现在你已经不能再忍耐了，那么这个时候，请勇敢地说出来吧。

不一样，真的没有什么不好。

为什么一件事情在自己内心压抑很久了，却不能一次就快刀斩乱麻地解开它呢？又不是什么惊天动地的大事情。你因为这一次的决定就可能让江山易主？不可能吧。

这个人已经这样对待你了，他的看似"情商低"已经伤害了你，给你造成困扰或者让你心烦了，请勇敢地拒绝他一次。

相信我，就一次，你就能够清醒地知道，你们该以何种方式继续相处下去了。而且，这些事，如果这个朋友这么对你，你没事，而你反过来这么对他，他就不开心了……那么你也别给他套上什么"情商低"的帽子了，你也不需要给他面子，求个大家和和气气，实际是成全别人恶心自己。

别不好意思！

一个在交往过程中连基本的礼貌都做不到，一直顾及自我感受的人，你和他即使做朋友也做不了多久，因为早晚会有一件事让你下定决心，以"低情商"的方式还回去。

当然，如果有人这么对你，你也这样对他之后，他并没有感觉到有什么不爽，反而你俩之后关系不变，那么你就可以继续和他按照这种方式直来直往，有不爽说不爽，互相不爽完了继续一起交往下去了。

这种情况下，你们两个的关系肯定也会维持得不错。

说到这儿，你肯定会想，难道真的可以以如此简单粗暴的方式来相处吗？

我要告诉你的是，当然可以了。

我上学的时候有个玩儿得特好的姑娘。玩儿得特好指的是我俩住一个宿舍，有差不多的爱好，都喜欢看各种书，在一起也是谈人生、谈理想，回宿舍的路上要讲一路自己看的书，交流一路。

有一次，我俩一起去买冰糕吃，她忘记带钱了，我请她吃了一个5毛钱的冰糕。已经说好是我请她了，但是回到教室，她还是把钱还给我了。

我当时就不开心了，然而我并没有表现出来，我只是推托了很久，她仍旧把钱给了我。

我想，我俩关系这么好，我请你吃个冰糕怎么了？你还把5毛钱还我，5 毛钱又不是什么大钱，太不把我当朋友了！

后来，又碰见了一次，我忘记带钱了，吃了她一块钱的东西。按照与别的朋友相处的方式，一块钱算啥钱啊，必须不还，互相请吃，一来二去促进感情。

结果我想起来我曾经请她吃冰糕的事，她还我钱了。于是我觉得我该还，然而我还没还呢，她就告诉我，她一会儿要出去，让我把一块钱压她书底下就行。

我还钱后心想，之后遇到金钱的事情，即使再少的钱，对方帮忙出了，也一定要还上。

在我们以后相处的日子里，我俩就按照这种很"君子"的交往方式，一直谈人生、谈理想，没有掺杂过太多"金钱"。

而且，重要的是，我们现在仍旧是朋友，还是关系很好的朋友。

有些人，你真的没必要不好意思，两个人在交往的状态里，一致的态度很重要。既然有些时候，你按照你的方式对他，而他总是好意思地"伤害"你时，你就别不好意思了。也许，换一种方式会更好。

换一种方式，真的不一定会影响你们两个的关系。

真正的朋友不会因为一点小事就友尽
▷▷▶

　　有一段时间喜欢泡一个朋友家的咖啡馆，那个时候我在上班，总是忙里偷闲跑出去。

　　那个咖啡馆在一个高端小区里，下午时候会有些和我年龄差不多的男男女女过来喝点东西。因为大家都在这一片活动，久而久之也互相熟识起来。

　　小熙就是那个时候遇见的。有的时候我去咖啡馆，她去游泳了，有的时候她不是去了北京就是上海，但是有空的时候，只要我们碰见便聊得很开心。

　　小熙之前在一家金融类的公司上班，待遇不错。只是她喜欢吃进口水果，便每天研究每种水果里的营养成分之类的，研究多了，便想辞职做进口水果。

　　之后历尽千辛万苦，受了不少磨难，终于磕磕绊绊地走过了很长一段时间，在我认识她的时候，她已经做得小有声色了。

一个冬日，她邀请我去她家里做客，我发现这个姑娘租了一个单套，整个房间简洁而温馨，房间里放着一些她平时喜好的东西，厨房也是井井有条。我向来知道这个姑娘皮肤好，也知道她对吃的方面很讲究，就向她请教了不少东西。

之后，两个人出去吃饭，走在冬日的大街上，听她讲着自己是如何创业、如何走到现在，听她独立的爱情观，听她对未来的打算。她希望找一个优秀的男朋友，但是她说她并不依附这个男人，因为她自己也很独立，她希望可以彼此欣赏。

小熙是一个对自己要求很高的人，她对未来希望过一种怎样的生活有一个详细的描述。一般别人和我畅谈未来，我会针对这个人的喜好来判断我到底对她的未来关心不关心。

但是，那次吃饭的路上，我认认真真地听了一路小熙对未来的规划。

某段时间，家里出了一点事，我回了一趟老家，守着我爸爸妈妈住了一段时间。

也是那段时间，有不少人找我，要给我介绍工作，让我赶紧回庄。

格式大概如下：

"你最近干吗呢？"

"写书。"

"朋友公司缺人，你要不要找份工作？别总在家写书了，都要与社会脱节了。"

"做什么工作？薪水几何？"

"肯定比你之前工资高。"

然后报给我一个和我写小说差不多的薪酬范围，还和我说，是不是很好？

我说，我写小说比这个钱多，且我每天只写 3 个小时。这个要坐班，对我好像不大合适，我不想去工作。

对方便会继续以"你就要与社会脱节了，赶紧出来上班吧"这样的理由说服我。

还有一类人的入手点和这个不太一样，她会先问我写小说挣多少钱。因为我的收入也不是特别稳定，我就会谦虚地说一个我差不多最低的稿酬数。而后对方便开始告诉我她最近升了职，我有什么才能之类的，不去做什么工作真是可惜了，劝我去找个工作。最后总会归结于你不去接触社会就要与社会脱节了。

我试图给他们解释我这也是一份职业，只是我这种职业的从业人群较少。

他们仍旧觉得我写小说就要与社会脱节了。

后来，他们再找我聊天或者约我的时候，我就慢慢减少了谈话。

连对方的职业都不能尊重，与这样的朋友相处真是一件很闹心的事情。

重点是，这些人我也不觉得生活得有多好，每天 8：00 起床挤公交车，一个礼拜也歇不到两天，每天加班很晚，不知道周围哪个馆子好吃，周末难得休息却在家里睡觉。

这难道就是与社会接轨？

如此生活没有质量，为什么还要劝说他人去承认这种价值观呢？

说起来，其实我们身边还真有很多喜欢把自己的价值观强加到别人身上的人，而且，他还认为这就是好朋友无话不谈的表现。

我不明白这其中的道理。

一个人对你连基本的认同感都没有，还要强硬地把你拉到他的阵线里去，这表面看起来可能是为你心焦为你好，其实是一种自私的表现。他从来没有考虑过你的处境、你的感受，他得出来的结论也是站在自我的角度上。对于这种人我只能说，道不同不相为谋，眼不见心不烦。

但是往往这个时候人们会跳出来一句古训："忠言逆耳利于行。"

你看他说的话你不爱听了吧，这就是逆耳啊！

不好意思，"忠言逆耳利于行"在朋友交往这里，还真不是特别合适。因为有些人也不是"忠言"，他们只是基于自己的角度告诉你一些道理。

有些人活得还没你明白呢，活得还没你滋润呢，每次见你还一个劲儿要劝说你。请勇敢一点，请别再搭理他了。

结交一些你们有共同价值观的朋友，而后，各自成为更好的自己。

至于某些开口要劝朋友"改邪归正"的人，先等等。

如果你朋友此时没有用这个特质，而生活得水深火热，你赶紧去提提你的建议。

　　如果你朋友此时没有用这个特质，而生活得挺滋润的，请放过他，别给他添堵，安静地做朋友不好吗？

第 六 章

/ 主动选择自己
   想要的生活 /

每个不曾起舞的日子，都是对时光的辜负。

每个人都在平凡地活着，但是不该平庸度日。

只有这样，当我们走过这一段路程，再回首去看的时候，

才不会有遗憾与悔恨。可以宽慰地一笑，在心里告诉自己，

如果再有一次重来的机会，我还是会选择这样度过。

只因为，那是当下最好的选择，也是对自己最大的负责。

人生一场，愿你别蹉跎。

决定开始，你就已经赢了一半
▷ ▷ ▶

有读者给我发豆邮，说自己和男朋友分手了，而且分手的原因是男朋友的前女友来找他了，于是男朋友和她说："我发现自己还是忘不了她，我想跟她和好。"

和男朋友分手的时候她知道已经回不去了，即使后来那个前女友走了，男朋友再重新回来找她，她的心里却再也接受不了。

可是，她还是舍不得删掉男朋友的联系方式，每当刷社交软件看到他的动态时，她就忍不住去看。

内心分外纠结，看不起自己的卑微，却又控制不住自己的思念。

只要她的男朋友发一些模棱两可的动态，让她总是忍不住去猜想，这些或许与自己有关。

一个月的时间里，她找他聊了差不多 20 次，而他并没表现出多么大的兴趣，甚至有的时候和她聊得正起劲时，突然就没了动静，他竟然忙自己的事去了。

可是每次他主动找她的时候，她会立即停下手中所有的事专心回复他。

反反复复几次后，她也觉得该告别了，每一次却都下不了决心去告别。

于是，这个伤口反反复复地翻开，情伤一直痊愈不了。

我跟她说："其实，最难的是下定决心走出来。只要你下定决心，那你肯定能告别过去，开始新的感情。"

后来，这个姑娘又反复了很久，我一开始言辞温柔，后来豆邮聊得多了，我终于忍不住和姑娘说："如果你不想走出来，你就别走出来了，你也知道你走出来会开阔很多，可是你自己不迈步，谁能救得了你？！"

这一次，好像起了作用，她开始想要忘记他，开始的几天很艰难，但是后来越来越容易。

我们其实在做很多事情的时候都会犹豫，遇到很多难题都会下意识地选择退缩，这是一个人的惰性与自我保护使然。做一件事情，都会有这样那样的困难，如果要顾及困难，想来想去，却迟迟不能开始，最后十有八九做不成。反倒是你选择开始，也不管什么困难，遇见问题就去解决问题，即使最后没有成功，你也会收获很多。

开始，往往是最难的部分。

我有一个朋友想在上班之余再去学点新的东西让自己的生活变得丰富多彩。

她告诉我，她想去学调酒。

因为我采访过不少调酒师，便帮她介绍了些，也问清楚了大概要多长时间。

她想了想，便犹豫了。

6：00下班，坐公交车要一个小时，回到家就挺累的了，如果再去学调酒的话，自己会不会坚持不了呢？

她有一堆问题，最后犹豫了半个月，这期间激情退却得差不多了，然后便没有然后了。

后来，她发现自己长胖了，觉得应该去减肥。但是周围的健身房离自己家有点远，如果坚持不下来的话，岂不是就浪费了这些钱？

她想了一想，还是自己在家里健身好了。

于是，她在知乎上去提问有什么健身运动是可以在家里做的，再去寻找一堆关于健身减肥有关的菜单。她发现，原来跑步方法不对会增加小腿肌肉。节食会对身体不好。如果每天绕着公园快走两圈，虽然可能会有减肥效果，但是可能3个月都减不了10斤。做仰卧起坐会损伤脊椎，腹肌撕裂好像有点疼……

就这样转了一圈之后，她想还是办个健身卡最简单。

结果又发现，原来办了健身卡不请私教的话也只能是自己去玩玩那些器材罢了。

然后，减肥的事情就没有然后了。

她想法很多，却从来没有开始做过一件事情。每天想着自己也许应该改变一些，却也没有付出任何实际性的行动。没有开始，也没有后来。

其实，当我们想要做一件事情的时候，全面考量者都会想这件事开始怎样怎样，中间肯定会有这样那样的困难，倘若遇见困难应该怎么办？甚至有些人刚想尝试去做一些事情的时候，只迈出一步，发现有些辛苦，然后便停在了开始这一关，不想往前走了。

如果你想做某些事情，那就去做，只要开始了，你就已经赢了一半。

我的拖延症很严重，原因并不是我惧怕接下来要写的稿子，而是我一想到有这么多稿子要写，写作的过程有时不会非常顺利，所以就会有抵触情绪。

可是我这种抵触情绪并不是因为这件事本身的困难，而是因为还没有开始就已经在抵触了。

但是，让我真的下定决心不拖延了，起床便开始做这件事情，打开文档就写稿的时候，我发现它并没有我想象的那么难。

我们之所以顾忌许多，并不是因为事件本身的困难，而往往来源于自己的情绪中。

一件事情本身的困难程度，并没有我们想象中的那么大，而我们却总是失败在上路之前的徘徊中。

如果你勇敢地往前迈一步，你就已经走在胜利的路上了。

开始是困难的，你只要选择开始，就已经赢了大半。

一份好工作的获得，
也许只须注意几个细节

◀◁◁

先贴一段某次帮朋友发招聘广告而引发的群对话。

我："发个招聘广告，朋友公司在招聘影视实习编辑，坐标广州，有兴趣详询。"

群友 1："有在上海的吗？"

群友 2："影视编辑不就是视频剪辑吗？视频剪辑累死人。"

群友 1："我也做过剪辑，很伤眼睛。"

我："不是，不是，这个公司是招聘负责影视合作之类，公司主要是做网文的。"

群友 2："网站编辑。"

群友 1："网文是什么鬼？"

群友 3："@ 群友 1，90 后小伙子不知道什么是网文？太神奇了。"

群友 1："酱紫，网站编辑也做过，也是非常辛苦，还是做文案轻松。"

我："网文编辑和网站编辑也不大一样。"

群友1："这我就不得而知了。"

群友3："这很好理解吧，字面就能看出来啊，网文编辑肯定和网站编辑是不一样的。"

到这里对话就结束了，话题没有再进行下去。

之后我和另外一个朋友谈起这段话的时候，朋友跟我说起他之前在公司负责招聘时遇到的一件事。

他说一般遇到了以下几种人，他会直接PASS掉的。

第一种，对于自己做什么工作都搞不清楚的人。

例如他在某处发了一条招聘视频特效师的信息，然后将职位要求、工作内容、待遇等大概说清楚，留下联系方式。

接着会有一些人打电话过来咨询，咨询的内容大概会以这样开头：您好，我是学什么的，请问您要招聘某某职位是吧？我想请问您有什么要求啊？工作的主要内容是什么啊？薪资待遇是怎样的？把招聘信息里已经注明的情况再重新问一遍。

刚开始做招聘的人会比较心软，觉得大家都不容易，一定要给别人一次机会，遇到这样问的，就好心地再叙述一遍。可是，一天接到无数个这样的电话，每个人都要问一遍，一天至少都要解释几十遍。最后便直接告诉对方，你要问的这些问题，招聘要求上都已经写明了。

朋友说，既然已经将要求写清楚了，而对方却全都要再问一遍，这意味着后期的沟通成本会很高。如果今后和他共事，任务明明已经和他讲清楚了，他却永远要再问你一遍任务内容是什么，怎样做，甚至让你教他去做。

一个连工作要求都搞不懂的人，还指望他做事？公司招聘人过来就是要你来工作的，而不是教你工作的。

第二种，时间观念差，不珍惜机会的人。

例如他收到了一份简历，觉得基本符合公司要求，便打电话通知面试，以这样的方式开头："你好，我们是某某公司，收到了你投到我们公司的简历，从简历上看也挺符合的，看你有没有兴趣面谈一下。"

对方说："哦哦，感兴趣感兴趣，你把公司地址发我一下，我有时间了给你打电话。"

遇到这样的面试者，朋友一般连地址、电话都不发了。因为他觉得这个人连基本的礼貌和沟通都不会，业务方面也没什么好聊的了。

还有一种人，一再爽约。与他约定好了面试时间，当天快到面试时间给他打电话，他说，在路上了，在路上了，再之后也没有过来。过了几天他又打电话说："实在是不好意思，我能再过去面试吗？"结果又没见到人。过了几天又打电话说："我前几天有点事特别着急，事后又忘了给你打电话。我能再去面试吗？"

第三种，工作经历涉及各行各业，且都时间短。

有些人的工作经历很丰富，每一次的工作职位与工作内容都八竿子打不着，只是表面上写的职位很虚、工资很高，且在职时间不超过两个月。

我听完这些例子之后，又联想起我自己上午经历的对话，忽然觉得其实还真不是太奇葩、太无知。

要说无知，也不是无知，只是懒得动脑子而已。

其实只要稍稍动动脑子，一些基本的问题还是可以避免的。稍稍注意一下某些事情，也真的是有用的。

我的工作经历不算丰富，因为毕业时间有限，且在找工作之前我清楚地知道自己想做一份怎样的工作，而后准备一下便得到了这份工作，没有费什么力气。我将我的一些小技巧与大家分享，希望可以帮助准备找工作的你。

在简历方面，我见过不少朋友做一份简历便开始漫天撒网，一股脑儿地投给各种自己感兴趣的公司。这些公司的职位要求都不一样，但是她的简历上写的内容都一样。

我问她："你就不修改下自己的简历，定向投吗？"

她说："这样的概率大一些。"

其实这样的概率还真的不大。漫天撒网最后的结果就是你都不知道你接到的电话是不是你投递的那个公司打来的，你也不知道你要为这份工作准备些什么。不如认真地写一下简历，如果你面试的这个职位需要什么技能，你就把你之前经历中可能与这个职位有关的写上，这样反而会好很多。

当然，有些人还喜欢将简历写得特别长，刚毕业的时候恨不得打印一本自己的履历拿给对方看，这样真没什么用，把你需要重点表述的问题都表述清楚就行了。一般对方更注重你与这个职位的匹配度，或者你潜在的某种能力。

就像端盘子不用有导演经验，写楼书策划不需要打篮球特别好一样。认真想一想，让简历变得简洁明了又突出重点才是最好的。

面试，这就是看两个人交谈的印象了。请穿一身你觉得在那个场景下最合适的衣服。请珍惜你的面试机会。千万不要迟到！如果已经不小心迟到了，提前打个电话沟通一下。还有，不要和面试官谈与职位无关的事。

这里面有一个需要特别提醒的话：如果不够专业，请用态度来补救。

把每天当成末日来生活
▷ ▷ ▶

我高中时期很贪玩儿，所以成绩一直不好。

忽然有一天，爸妈和我说如果高考过不了本二线，大学就不要读了。

我看着自己的成绩，忽然意识到我可能真的过不了本二线，只有发挥好的时候才能稍稍过线。可即便如此，报志愿的时候也不能读本二的学校。

那段时间我很悲观，看着自己的成绩，发现距离高考还有不到两个月的时间，我可能真的回天乏力。

也许这两个月将是我上学最后的时光。

我的智商不高，想在短期内突破自己真的很困难。我焦虑了几天，强迫自己认真学习了几天之后，我忽然意识到我真的改变不了什么，而且每天晚上还失眠。我开始问自己，如果这是我上学最后的时光，我希望怎样度过？

这样想了之后，我忽然意识到在这有限的时间里，我有很多事情没有做，在图书馆借的书我还没有读，地理上很多知识都不懂，历史缺课的内容还没有补，数学有一块知识我永远运用不好，还有那一堆从没按时完成的英语卷子……

不仅这些，还有很多诸如此类的问题。

果然在对待上学这件事情上，我真是充满了遗憾。我除了利用大家自习做题的时间看了很多从图书馆借来的书之外，几乎没有对某一项学习尽到我百分之百的努力。

我把所有遗憾的事情都列在一个本上，然后对着这个本头疼，遗憾的事情实在是太多了，多到就算我每天不吃饭、不睡觉也无法在两个月内全部完成。我想，既然我无法改变我的成绩，那么我就尽量把这个本里的事情一项项做完，哪怕最后没有结果，我尽力了就好。

因为把这一段时间当成能够继续上学的最后机会，我开始每天下了晚自习也不着急回宿舍睡觉了，和宿舍里另外一个姑娘一直学习到教室快要锁门的时候才走。因为这样，我竟然也不再失眠了，第二天也会早早来到教室上早自习了，因为两个月的时间真的不多了。

原来只求做完、不求做对的心态也改了，想着总不能自己在仅有的一点时间里还糊弄自己吧。

结果这样做了以后，不但不用一直赶别人的进度做卷子，而且成绩也提高了不少。

后来遇到很多问题，当我觉得心态不好或者不在状态的时候，我就会问自己，如果现在是你在这个阶段最后的日子，之后你永远不会遇到这样的环境，你会怎么做？

自此之后，似乎真的少了很多繁杂的事情，心里也会明朗许多，每一天都过得充实起来了。

我身边也有这样一个姑娘，她比别人准备考研的时间晚，是大四的最后一个暑假。她说她忽然意识到自己大学时光就要结束了，而她回顾自己大学4年，发现自己有很多事情并没有完成，于是她开始准备考研。

有个暧昧对象每天也顾不得暧昧了，一大早去图书馆占座，一去就是一天，晚上很晚回来，第二天再继续。

后来她和我说，她并不是一定要考上哪个学校，只是想要借助这样的机会把自己大学4年学习的专业知识好好地巩固一下，将自己没有看完的专业书看完，把自己曾经一直想刷却没刷的专业术语都刷一遍，该背的题都背一背。她说："我忽然意识到也许走出了校园，我就不会再有这样的机会系统梳理一遍自己所学的知识了。"

当她后来回忆起那段时光时，发现自己真的很喜欢那个阶段的自己，每一件事情、每一处知识点都尽力去做好学好。她清楚地知道今天的自己在做什么，明天的自己该做什么，接下来的日子自己该走向哪里。

后来，她通过了所报学校的初试，却放弃了复试。

朋友们都觉得可惜，她却说："我已经把我要做的事情都做好了，我利用这段时间给自己梳理了专业知识，也通过一系列的方式检验了这个阶段的学习成果。我并不觉得可惜，我知道自己接下来要去做些什么。"

因为想着时间不多，便不会把时间浪费到无所谓的事情上，更不会为无所谓的事情发脾气。好好地善待自己，想着去改变自己，理解不能理解的事情。

因为所有的事情尽力了，便会越来越认可自己。我相信如果你知道这是自己最后的某段日子，你肯定就会格外珍惜这段时光。意识到时间一到，便要失去某些机会，那么在当下你将尽自己最大的努力做到最好。

也许在做这件事情的时候，我们不能做到完美，但是尽了自己最大的努力，便有了充实感。

每个人都在平凡地活着，但是不该平庸度日。每个不曾起舞的日子，都是对时光的辜负。

只有这样，当我们走过这一段路程再回首的时候，才不会有遗憾与悔恨。可以宽慰地一笑，在心里告诉自己，如果再有一次重来的机会，我还是会选择这样度过。

只因为，那是当下最好的选择，也是对自己最大的负责。

不对今天的自己提要求，谈明天无用
▷▷▶

小 C 问我："你是一个对自己有要求的人吗？"

我先是一愣，然后说："是啊，为什么这么问？"

小 C 说："你对自己有要求，不会觉得很累吗？如果你没能达到要求你不会烦躁吗？如果对自己要求过高了压力多大啊，你对自己有要求不就是给自己套上了一个枷锁吗？一直把自己锁在自己的要求里是不是就看不到别的路，从而错过一些什么呢？"

我想了一会儿说，我之所以对自己有要求是因为我想更好地规划一下明天，我想明天的我比今天的我更进步一点、更优秀一点。但是如果真的有诸如你说的那么多问题，其实该好好地衡量一下"要求"这件事。

如果你想对自己有要求，那好，这是一件好事，说明你上进，你对自己有责任心，你对未来有憧憬。但是你又担心给自己上镣铐，有压力，承受不住压力，从而禁锢住自己。坐井观天也好，陷入自我压抑也好，那样的话，还不如没有要求呢，还不如随性而安，自由放纵。

我认识一个对自己有轻微强迫症的人，而她却很好地利用了她的强迫症。

她是一个插画师，不坐班，给出版社、杂志社以及一些动画、影视公司供稿。

我在做自由职业者之前向她请教：要做一个自由职业者，最重要的是什么？

她说："技能。"

我又问，有了技能之后最重要的是什么？她说是对自己有要求。

自由职业者首先得有一样赖以生存的技能，不然自由是自由了，不过得饿着肚子自由。当具备了技能之后最重要的便是对自己有要求。

插画姑娘说，自由职业者其实并不自由，它需要你有更强的自控能力。你有个班上，朝九晚五，累了偷会儿懒，不如意了请个假，一天一天地上班其实非常容易。可你要是做了自由职业者，那就不容易了，如果你有拖延症或者自控能力差的话那就完了。

自由职业没人管你，只能自己管自己。每天睡到自然醒是不可以的，要有正常的作息。不然的话，你想几点睡就几点睡，想几点起床就几点起床，想什么时候吃饭就什么时候吃饭，饿了才吃或者干脆不吃，抑或饿到不行胡吃海塞一顿，不仅身体会出现各种各样的问题，你的自由职业后的"饭碗"也会被你连累，要么就是赶不上进度，要么就是质量不过关。

什么是对自己有要求？插画姑娘是这样做的。

她从做自由职业者那天起给自己买了一块白板，左上角写下自己这一年要实现的计划，比如，画多少插画，挣多少钱，存多少钱，除了供稿之外还要完成一本自己的漫画。右下角写下这个月的计划，随着每个月的计划而变化，譬如这个月接了某某公司的 6 张插画，需要一个星期之内画完交稿；接了某某杂志社的插画，什么时间交稿。

　　白板上剩余的一大半用来做每日的时间表，时间是固定的，几点起床、几点早中晚餐、几点工作、几点画自己的梦想、几点休息等等，还有会客时间以及突发的弹性时间。当突发事件占用工作时间时，就用留下的弹性时间补工作时间。

　　就如同每天上班一样，更加精准地约束自己，按照日程表去工作，每完成一点进度，就会在白板上标出来。

　　插画姑娘还给自己制定了奖惩制度，超额完成奖励什么，一个星期的量完成后会怎样，一个月、一个季度会怎样，没有完成、拖沓就有什么样的惩罚……

　　插画姑娘说，对自己这么严格精准的要求，就是为了更好地做一个自由职业者，更好地创作，更好地实现自己的梦想，更好地追逐明天。

　　她有轻微的强迫症，所以要求自己按部就班地完成任务会比较顺畅，年计划、月计划、日计划都能很好地完成。

　　我自从成为自由职业者之后也像插画姑娘一样对自己有要求，体会最深的是年计划和日计划。一两天甚至一个星期完成起来还是非常有成就感的，可是，长此以往做下去，真的很难坚持。

庞大的年计划，一点一点看着自己的进度如蜗牛般缓慢前行，由于缓慢所以没什么成就感，甚至有时候会怀疑自己，所以这时要有信念，要相信自己。日复一日去完成自己的日计划，有这样一句话：成功就是简单的事情重复做，最难的也是简单的事情重复做。

日复一日是很烦人的。你想想，你面对着每日的计划，而且是必须要完成的计划，你的潜意识里还有一堆的月计划、年计划，你的情绪会极其不稳定，会烦躁甚至厌烦。多少次我都想把那块白板擦得一干二净。

对自己有要求可以很简单，难的是坚持完成对自己的要求。

非自由职业者也要对自己有要求，身边浑浑噩噩混日子的人太多了，近朱者赤，近墨者黑。无关乎你有多大的理想，无关乎你要成为一个多么优秀的人，最起码对自己有点要求，不让时间白白流逝，不然当明日到来的时候跟昨日又有什么区别？

回到小C的问题上。结合自己长时间的实践，我是这样回答小C的。

如何消除对自己有要求后的焦虑与厌烦？做到充分地了解自己，要了解自己的能力、执行力、毅力、承受力和你的梦想（目标）。

首先确定你的终极目标，然后把你的终极目标分成几步，完成的时间分几年或者自己估量的时间。把一年的时间分成四个季度，每个季度完成多少，每个月接近多少，每天进步一点点，直到完成自己的所有要求。

　　一定要充分了解自己的能力、执行力、毅力、承受力，把你对自己的要求制定在这个度以内，不仅焦虑和厌烦会减小，而且完成起来还比较轻松。

　　接下来要做的就是坚持，这也是执行过程中最难、最煎熬的部分。半个月是个坎儿，当你坚持不下去的时候，咬咬牙，回头看看，你就能战胜自己了，之后就会变得越来越轻松。

　　至于为什么要做一个对自己有要求的人，我想大概是不想今日的自己和昨日的自己在同样的位置，看同样的风景，遇见同样的人。想比昨日的自己向上一点位置，去看不同的风景，遇见更多优秀的人吧。

　　在这个要求自己的过程中，所出现的任何问题都该是自己想办法解决。解决了，自己也便向前迈进了，能够更加靠近自己想要的明天了。

　　不然的话，谈明天的希望还有什么用呢？

工作换了无数个，
为什么你还是不知道自己想要什么？

◀◁◁

某一天，珊瑚小姐请我吃三汁焖锅，坐在我对面和我说，她又辞职了。

这一次是因为她们很多人一起吐槽老板，说着说着她就觉得这个公司确实有问题，每天上班处于各种负能量之中，后来就辞职了。

但是这么多天一直没有找到合适的工作。

我问："如果我没有记错的话，你这个工作干不到两个月就辞职了吧？"

她说："哪有，我干了整整两个月才辞职的。"

我问："那接下来准备做什么？"

她说："暂时还不知道，失业中，但是得快点找工作，不然就要饿死了。"

珊瑚小姐毕业不到一年，这是她换的第三份工作。第一份工作是家里帮忙找的，在当地的一家权威报社，每个月的工资 500 元，所有新闻要自己出去跑。

我们一起实习的时候，我每个月拿 3000 元工资，她拿 500 元。

开始她挺喜欢她的工作，但是和我分享的重点不是工作的内容或学习了什么新技能之类，而是和我聊她同事的生活方式，她如何如何喜欢哪个品牌，谁谁的老公显赫身份之类。

后来，工作了不到半年的时间，她一怒之下辞职了。原因是和领导大吵一架，领导总有意刁难，加上他们脾气不合。她最讨厌虚伪的人，而她的领导就是这样的人。

而且，她之前最喜欢的同事也是虚伪到不行的人，各种小算计，表面还装出一副为你好的样子，她也十分讨厌。

我问："那接下来你准备做些什么呢？"
她说："我要去上海。"
那是她第一次辞职和我聊天，过了没几天，她就去了上海。恰逢她们宿舍的姑娘有一个在那里工作，公司里招人，她便去了。

开始的时候，又是各种新鲜感，经常晒加班到凌晨的照片，努力又兴奋的样子。

那个公司的规模不小，公司里也有不少和她一样的年轻人。

不到半年的时间，她又给我打电话，说自己真是烦透了，每天一堆事，很不喜欢现在的工作，也不知道能够做些什么。

她知道当时的我辞职在家写小说，玩笑式地问我可不可以带她写小说，她不想去上班了，羡慕我的自由。

我说："我怎么一步步混到现在，你最清楚了，我当年两个月500块钱稿费的时候你忘记了？"

她说："也对，你写小说都3年了，我肯定不行。"

再后来，她又辞职了。

辞职之后她出去玩儿了一周，之后来到了我所在的城市重新开始。

我所在的城市是她上大学的地方，所以，她觉得这样会很有亲切感。当然，我们这些朋友也在这里。

但是旅行并没有让她想明白一些事情，或者说，她自己想不明白的话，旅行仅仅只是旅行。

她开始四处撒网般投简历，差不多她觉得能做的就开始投，面试了很多家，终于有一家双方都满意，于是决定开始工作。那时她身上的钱已经不多了。

这次是电话销售，与她之前的工作经历无关。

做了两个月又辞职了。

所以，才有了我们的再次见面。

如果要说珊瑚小姐有什么特别之处的话，除了人稍微有点姿色之外，别的方面都很一般。在大学里没有突出技能，自身也不具备其他过硬的素质，可以做一份差不多的工作，但总是找不到自己的方向。

我问她有没有考虑过自己更适合做什么样的工作，或者有没有一项喜欢的事让她可以为之吃苦。

她说，她也不知道自己想要做什么样的工作，而且她觉得我所说的这些她根本不可能提前知道，她要先试过才知道。

我说："你换了这么多工作，你觉得你的工作给了你方向了吗？"

她说："因为我之前的工作我认为自己会喜欢，最后发现都不太适合我。"

与她相反的是，我另外一个朋友 Y 姑娘。

Y 姑娘是那种要和公司死磕到底的人。毕业两年，在一家传媒公司做编辑，所做的工作是采访加写稿。

她是公司里写稿子最烂的编辑，常常被主编冠以"新闻联播"的时尚风。

有次主编狠狠地批评了她，对她说："麻烦写东西的时候走走心。"

她难过很久，中午没吃饭便找我一起去图书大厦看书，她当时只想找些正能量的书看看，抚慰一下自己。

结果一看上就停不下来了，看到下午快上班才回去，心情也差不多痊愈了，下午继续改稿死磕。

之后的一个月里，她只要中午有时间就会去图书大厦看书，有时候我和她一起去，有时候我忙，她便自己去。

她和我们说，她打算在这个公司里待一辈子。

当时几个朋友就嘲笑她："你要在这里待一辈子做什么？这又不是你的公司。"

她说："因为离开这里，我也不知道我能够做什么。所以，我就在这里一直做，做到我自己有足够多的本领，知道自己要做什么为止。"

后来，她身边的同事来了又走，她成了虽然写稿不是最好，但是对以往选题最了解的编辑，她成了客户联系最多的人。

因为，每一个选题她都参与策划过；每一个同事在辞职的时候，手里没有完成的稿子都对接给她。久而久之，她就成了老员工。

再后来，公司发展，扩大业务，给她升了职，主要负责对外活动对接。她手里有足够多的客户，很容易将其中一些人凑在一起，工作起来很轻松。

到目前为止她还没有打算离开这家公司，还是想要一直做着，做到她知道要做什么为止，然后就离开。

我记得上大学的时候，我去蹭市场营销课，老师在上面说："其实很多事情你把它走到头你就是最牛的。当你不知道做什么的时候，你就把自己当下的事情做到极致。例如你不想找工作，那你就上学上到无学可上。你想研究一个项目，你就一直往这个项目里钻。你想你都做到头了，那谁能比你厉害？"

仔细想想，似乎有几分道理。

当我们不知道做什么的时候，最简单也最直接的方法就是在原地坚持下去，这是最快的成长捷径，特别是当你一无所有的时候。

当你看着别人的人生，羡慕别人的圈子，是不是也思考一下自己选择哪样的人生会更有意思一些？妄图从一个圈子跳到另一个圈子的时候，应该先想一想，你当初进入你现在这个圈子想要学会的东西都学会了吗？进入下一个圈子的时候，你能确定你准备好了吗？

如果你不确定自己喜欢做什么，你也不知道自己应该做些什么的时候，最简单的方法就是低下头来，把当下的事情做到最好。

哪里都会有优秀的人，哪个行业也都会有优秀的人，你所做的每一个选择都是你曾经在内心衡量过的选择，即使没有条条框框的数据分析，但也是在意识里对比过最适合你的选择。所以，先把这个选择坚持下来，深思熟虑后，再去坚持下一个选择。

从一个学校跳到另一个学校，上6个一年级，不如在一个学校里，上到六年级。

所有的关于跳槽的说法，都把它比喻为跳板。那是在你已经有了助跑，可以弹跳的时候，跳槽才会是你的跳板。

在这里你找不到目标，不一定去了那里就能找到。不知道自己的成长方向在哪里，去了哪里都不会有方向。

工作换了一个又一个，还没有方向。

该是时候停下来，和它死磕一下了。

其实我们经历的所有事情都是这样的。

你抑郁都是因为你闲的
▷▷▶

　　我熬了一宿的夜，补上了欠的稿子，睡了一上午，顶着油头去附近的小店觅食。下午 3：00 的店里客人只有我自己，点的餐还没上来，林姑娘给我发消息，向我诉苦。

　　我本来是不想回的，因为她每天都向我诉苦，而我的意见她也不听，只是自己等餐的过程太漫长，我回复了她几句。

　　她说："不开心啊，工作积压一大堆，什么都不想做，觉得自己很失败。"
　　我说："我也很失败。"
　　她说："你都要出书了还很失败？"
　　我说："我赶稿赶得已经腰肌劳损了，还有各种问题，没有你想的那么好。"
　　她说："你说我辞职去咖啡店打工怎么样？"
　　我说："行政做得好好的，去咖啡店打工？"

她说："我也就是说说，真是好无聊啊。"

我说："如果你工作清闲，没事做的话，就趁这个工夫看看网上的公开课，或者学点你喜欢的技能。"

她说："不想，我好无聊啊。"

我说："我的饭来了，我先吃了。"

这位林姑娘不是第一次和我这样说话了，如果我每天都回复她的话，这样的对话会每天重复一次。

她先阐释她的无聊以及觉得失败的人生，每次对话都以我建议、她拒绝告终。

被拒绝得多了，后来，我不建议她了，有段时间她也不找我诉苦了，原因是她新发现了一个好的社交软件，正在努力实践中。

最近她又来问我，为什么她工作不如意，没有男朋友，连个在一起对脾气能一起玩儿的人都找不到。

我说，我还真不知道。

我觉得我说了，她也不会听的。更何况，我也不愿意说教，也许每个人都应该以自己的生活方式生活。但是，她后来还越来越觉得没意思了，又陷入每天给我发一条无聊、让我介绍点事给她做的循环中。

这事上，我已经尽力，还真没话说了，只能告诉她，天助自助者。

对于林姑娘这件事，我一直想不通，她为什么会这么无聊，陷入每天的抑郁中。后来我去省博物馆看展览的时候遇见了李姑娘，我才忽然醒悟到：第一，林姑娘太闲，第二，林姑娘做的事都找不到自我价值。

李姑娘在一所大学教英语，我们相识于某次茶艺活动。我是第一次接触茶艺，跟着陆先生来的。茶艺师让我们做自我介绍以及谈谈平时喜欢的茶之类的，大家都落落大方，而我因为第一次参加的缘故，略拘谨。

教习过程中讲解完知识，我们每人去泡一壶茶给在座的人品尝，气氛活跃起来，开始说说笑笑唠家常。几个人除了我之外，之前都或多或少接触过，有一定经验，生活中也从爱好变成学习。李姑娘讲她出去玩儿买茶壶的趣事，自己喝茶的体验等等，让我大为钦佩，也就记住了她。

这一次，在省博物馆见到她，她在这里做义务讲解，经过了一段时间的培训，每周六下午过来。我跟在她身后随着众人一起听她讲完她负责的那个展厅的讲解，讲解有模有样，还有参观者不时向她提问，几个人还一起讨论。

我加这个姑娘的微信，知道她除了做义工之外，还不定时出去旅行、养猫、追星、看书……爱好多样而广泛。最近又迷上了健身，我见她的时候还真的瘦了许多。

晚上从省博物馆回去之后，林姑娘又给我抱怨生活太无聊。我说，你也许应该找点正经事做。我想了想你做的那些事好像都没什么价值。

如果林姑娘找些正经事做，不用很多，哪怕就一项，通过自己的努力一点点改变，从中获得自我肯定，那她自然不会觉得无聊了，也不会因为那无聊的心情而积压一大堆工作。

自我肯定之后，自然做什么事情都会有条不紊。事情变得越来越好之后，她整个人也就处于一种上升状态。

充实自己，找到属于自己的正经事去做，比找一群孤单的人狂欢更有意义。一群孤单的人无论再怎么狂欢，也还是孤单。

无聊是一种无所事事的状态，而当你有这种状态的时候，只能说明你不够忙，忙了就不会有这种矫情的想法了。

充实自己，比每天喊无聊要有意义得多。

对现状不满，
改变才是最简单有效的方式
▷ ▷ ▶

男朋友的表弟今年刚本科毕业，学校还算不错，学的专业很偏，毕业后进了我们这里的一个科研所，实习期工资只有 1000 元。

周末的时候，他打电话说要来蹭饭，我买了很多菜，和男朋友一起给他做了一顿丰盛的晚餐，他很感动。吃饭时一直在说单位的饭菜难吃又贵，又谈了谈自己工作的状态。

他说他们单位最低学历就是他们这种"211""985"的本科生了，其余都是硕士、博士之类。他在实习期工资很少，和同事在外面合租了房子，1000 块钱省吃俭用才可能够花。

我想着能帮衬着就帮衬着，我说："既然这么喜欢我做的菜，你周末时没事就来这儿吃饭吧。"

还没等他回答，电话就响了起来，接起来后他便开始和电话那端谈事情。

谈完了之后和我说："挣得太少了，就在赶集网上放了个简历找兼职，教跆拳道。"

话没等说完，电话又响起来，是另一家招聘单位。

我之前只听男朋友讲过这个表弟闲着没事给自己做了个小机器人，还给机器人编了套程序，真没想到他还会跆拳道。

然而，我不知道的还有很多，例如这个表弟从小擅长画画，没事还爱写个小诗。

表弟被夸得有些不好意思，解释说，就是时间太多了，全都学了一下而已。

刚解释完，一个招聘电话就又打进来了。

我那个时候就知道，我不用招呼他来吃饭给他节省饭费了，因为他有自己对待危机的处理方式，这种方式简单又有效。

缺钱了就去再找一份兼职，简单直接，行动力强。

我之前上班的公司有个姑娘，在一个岗位上做了两年。我们这份工作很闲，除了出刊的时候赶一下之外，其余大部分时间都很清闲。闲的时候她很难受，很迷茫，但是却从来没想过怎么改善这种状态。

她告诉我说，她每天来上班都会很困惑，因为她发现自己除了做这个工作之外不知道还能做什么，工资连还贷款都不够。

可是我发现，她一直都没有给自己想过办法，她没有想过自己大把空闲的时间能够做什么，除了迷茫还是迷茫。

我曾经问她："你就没有想过突破一下自己吗？"

她说："突破什么？我能做些什么呢？"

她这一问我，我倒真不知道说什么了。

能做什么，突破什么，当然是结合自己的情况去想一想啊。

现在如果觉得自己的职业生涯还有提升的空间，自己在这个岗位上还可以把技术锻造得熟练一些，那就好好地磨炼自己的职业技能。

如果自己的职业已经到了一个阶段，而接下来漫长的一两年里不想变动，只想在这个公司里稳定之后求发展，而自身又有着一些其他的困难，那就在别的方面想办法提高自己。

这才是最浅显的道理，也是最直接的办法。

可是我发现，我身边大多数上班族都在日复一日地迷茫着。

曾经有个朋友总在说："感觉一天天可没意思了。"

我说："那就给自己找点有意思的。"

"做什么呢？"她说，想了想却又补充道，"其实我也不知道还能做什么。"

她是一名办公室文员，工作是我们这里最基础的，工资也自然最低。满足基本生活消费可以，如果想要提升一下，资金就不允许了。她发现自己的职业技能好像就这么点儿，别的她也不知道自己还能做些什么，即使哪一天忽然有了一个想法，但是想想之后觉得麻烦就放弃了。

　　也许觉得麻烦，一想到要做些什么还要付出更多的辛苦，就不去做了，而有些人干脆连脑子都不想动，根本就不肯花心思在自己身上发掘潜能。

　　如果你觉得对自己的现状很不满意，那正是一个机会让自己去学习、去发掘自己。如果你只是对自己的现状不满意，却没有想过做任何改变，只是任由自己在这个痛苦的现状里挣扎着，那么估计这辈子也就没什么大变数了。

　　我们生活中会遇到很多"温水煮青蛙"的状态，我们在一个有些难受却称不上危险的状态里，虽然对生活不太满意，但是也能凑合活着。就像是那些青蛙放到一点点加热的冷水里，等到无法忍受高温的时候，却已经跳不出来了。

　　你当真以为如果一个人在某个状态下不舒服，熬一段时间就好了吗？熬一段时间，也许你能够慢慢地适应，但是绝对不会比你积极去开拓自己的潜能更直接有效。

　　第一次你觉得自己因为工资低而感到生活艰难，却没有想办法去突破，当你第二次感到艰难的时候，你不会比第一次难受。因为一旦这些惰性与习惯熬的心理形成，时间与惰性会帮你减弱意志力，久而久之，你就会习惯。

反正钱一直不够花，反正自己懒惰了这么久也不知还能做些什么。

渐渐地，你就被"热水"煮成了"熟青蛙"。

从来都是，如果想要积极地生活，不管处于多艰难的境遇里，都可以想到方法。

如果想要消极地对待、懒惰地逃避，这的确是当下最舒服的方式。

可是，然后呢？

你是什么人，终将走到什么地方去

◀◁◁

刚毕业的时候，朋友在一家小公司每天做着打杂的工作，挣的没有我多。每天上下班要在公司打卡，迟到、早退要扣钱。公司里有个小姑娘和我们年龄差不多，每天加班、省钱、淘宝。

他们公司每个月会从加班的时间里挤出一天公司聚餐，每个人都可以带一名"家属"，朋友便把我叫过去了。席间老板站起身敬酒并讲一些鸡汤，可我只顾埋头吃饭。聚餐结束后，我们一起打车回家，碰巧公司会计和我们顺路，就一起坐了一辆车。

会计问我主要是做什么工作的，之后便简单聊了一下各自公司的情况。我这人聊天一向奉行自己的"三分论"，我觉得有五分不好我会说出三分，我觉得好的东西则是有五分也说出三分。

所以会计问了我工作时间，我大概说了一下，每天睡醒了去上班，有时候要10：30出门，11：00到公司，下午没事就从公司溜出来了。她给了我一些建议，比如每天早点起床去上班，应该按时在公司待着，应该打卡之类的。

我说，我的工作氛围并不适合这样，而且，我所做的工作和你们公司别的小姑娘相比工资要高。我喜欢这种不费力的挣钱方式，有时间生活。她再劝说了几句之后，便没有再开口。

我后来发现，其实她身边的人都是这样，大多数人都按时上班，拿着微薄的薪水省钱过日子。大家在一起分享着生活里各种秒杀，各种淘便宜之类的，一堆人在一起想办法，把日子过得井井有条。

我之前上班的公司貌似与这个朋友的公司相反，因为公司不打卡，迟到、早退、请假不扣钱，但是大家都很自觉地在10：30与11：00之间出现在公司里。

摄影师是个摇滚迷，整天都是在放歌。中午我们跑出去撮一顿；下午的时候有工作忙工作，没工作随便在公司浪费一下时间；晚上的时候，或者相约喝酒，或者相约去找个地方听摇滚。

在公司我还有一个玩儿得比较好的姑娘，我俩因购物而结缘，总是相约一起买包、买围巾、买各种东西。

大家好像从来没有过多地讨论是不是饭菜又涨价了，只是有人会和我说，"哎，妹子，我新买的朗姆酒到了，要不要晚上相约去尝尝……"

后来，我因为不喜欢上班辞职在家，再遇见我之前的大学同学讲他们的企业文化和周围人的时候，我发现似乎又是一种状态。

然而，我这个朋友的状态则是她所在群体中映射出来的影子，而她也在这个环境里自得其所。

有时候，我常常在想，如果把我放到那样的环境里，我肯定不能接受。如果把我放到朋友公司里，每天的乐趣是大家一起淘宝混日子，各自过着小生活，我肯定会觉得这样的生活太过乏味，而把我放到管理严格并讲求效率的公司，我肯定会是最拖沓的那一个。

所以啊，即使我去面试，公司的 HR 也不会录用我。

我们经常站在这个圈子里去望着那个圈子，羡慕对方的光鲜亮丽，羡慕对方工作接触的人是那么高端。其实，最简单的是，怎样的人，才慢慢地走向了怎样的圈子。

如果一定要给那些喜欢某个圈子却没有融入的人一些建议的话，大概就是，你去研究一下那个圈子的特性，而你的特性又是怎样的，两者之间是否存在共同点。

毕竟物以类聚、人以群分人是怎样的人，她接触的人也会是怎样的人，她的朋友大概也都是这样的朋友。强求不来，不如找到适合自己的位置。

你所遇见的，终将是和你一样的人。你选择成为什么样的人，你也迟早会走向那里，认识很多如你一样的人。

如果此时的你正在苦于不知道该如何过上你想要的生活，不如现在就停下乱撞的步伐，审视一下你自己，问问你自己想要做些什么，你身上拥有哪些特性，你的优点是什么、缺点是什么，你擅长什么，你曾经做过的事情都是偏向哪一类的，而你所向往的生活又该是怎样的……

而后，按照你想要的生活标准去要求自己吧。

这样，总有一天，你会被你所适合的圈子选择，而你也注定走向那个地方。